内蒙古自治区高等级公路建设施工标准化指南系列

# 内蒙古自治区高等级公路建设施工标准化指南

# 第四分册　路面工程

内蒙古自治区交通运输厅
交通运输部公路科学研究所　组织编写

## 内 容 提 要

本书为“内蒙古自治区高等级公路建设施工标准化指南系列”第四分册路面工程，编制目的是规范内蒙古自治区高等级公路路面工程施工管理，明确施工工序和质量控制要点，消除路面施工中常见的质量通病，提升路面工程质量，延长路面使用寿命。本书汲取了内蒙古自治区高等级公路施工管理中的成功经验，同时借鉴了其他省区高等级公路工程管理的科学方法，系统地从施工准备、石料开采、集料加工与储运、垫层、底基层、基层、热拌沥青混合料面层、温拌沥青混合料面层、透层、下封层、黏层、水泥混凝土面层、水泥混凝土桥面沥青铺装层、隧道路面、路面附属工程等方面介绍了公路路面工程中的规范措施和管理方法。

本书适用于内蒙古自治区新建、改(扩)建高等级公路项目的路面工程，也可供内蒙古自治区公路工程各参建单位、参建人员使用。

**图书在版编目(CIP)数据**

内蒙古自治区高等级公路建设施工标准化指南. 第四分册，路面工程 / 内蒙古自治区交通运输厅，交通运输部公路科学研究所组织编写. — 北京：人民交通出版社股份有限公司，2016.1

(内蒙古自治区高等级公路建设施工标准化指南系列)

ISBN 978-7-114-12946-9

Ⅰ. ①内… Ⅱ. ①内… ②交… Ⅲ. ①等级公路－道路施工－标准化管理－内蒙古－指南②路面－道路施工－标准化管理－内蒙古－指南 Ⅳ. ①U415.1-65

中国版本图书馆 CIP 数据核字(2016)第 077236 号

内蒙古自治区高等级公路建设施工标准化指南系列

Neimenggu Zizhiqu Gaodengji Gonglu Jianshe Shigong Biaozhunhua Zhinan Di-Si Fence Lumian Gongcheng

**书　　名：** 内蒙古自治区高等级公路建设施工标准化指南　第四分册　路面工程
**著 作 者：** 内蒙古自治区交通运输厅　交通运输部公路科学研究所
**责任编辑：** 司昌静　李　娜
**出版发行：** 人民交通出版社股份有限公司
**地　　址：** (100011)北京市朝阳区安定门外外馆斜街 3 号
**网　　址：** http://www.ccpress.com.cn
**销售电话：** (010)59757973
**总 经 销：** 人民交通出版社股份有限公司发行部
**经　　销：** 各地新华书店
**印　　刷：** 北京市密东印刷有限公司
**开　　本：** 880×1230　1/16
**印　　张：** 7.75
**字　　数：** 210 千
**版　　次：** 2016 年 1 月　第 1 版
**印　　次：** 2016 年 1 月　第 1 次印刷
**书　　号：** ISBN 978-7-114-12946-9
**定　　价：** 36.00 元

# 本册编写人员

**主　　编**：王　骁

**副 主 编**：李　江　李星亮

**参编人员**：余胜军　王　杰　韩　磊　周震宇

陈德智　姜云花　傅燕峰　康新胜

邢向达　黄颂昌　田　波

# 前　　言

“十二五”期间,内蒙古自治区高等级公路建设事业取得了长足发展,“十三五”期间高等级公路建设任务依然十分繁重。为进一步规范公路建设项目施工管理,提高工程管理和技术水平,确保工程质量和施工安全,提升行业文明形象,同时响应交通运输部《关于开展高速公路施工标准化活动的通知》(交公路发〔2011〕70 号)要求,并结合 2011 年推行的《内蒙古自治区高速和一级公路施工标准化管理指南(试行)》及内蒙古自治区高等级公路施工的实际情况,内蒙古自治区交通运输厅组织编写了《内蒙古自治区高等级公路建设施工标准化指南》(以下简称《指南》)。《指南》共十一分册,分别为:工地建设、工地试验室、路基工程、路面工程、桥梁工程、隧道工程、交通安全设施、房建工程、安全生产、环保、管理。

本《指南》主要依据国家、工程建设标准化协会、交通运输部及内蒙古自治区交通运输厅等工程建设主管部门发布的与公路工程建设相关的文件、标准、规范、规程、指南和行业内采取的成熟、先进的施工工艺及管理办法,以及内蒙古自治区高等级公路施工管理中的特点和先进经验编写而成。

本《指南》未提及的,请参照现行相关的标准、规范、规程、规定执行。

本书为《指南》第四分册路面工程,汲取了内蒙古自治区高等级公路施工管理中的成功经验,同时借鉴了其他省区高等级公路工程管理的科学方法。本分册共有十三章内容,包括:总则,施工准备,石料开采、集料加工与储运,垫层,底基层,基层,热拌沥青混合料面层,温拌沥青混合料面层,透层、下封层、黏层,水泥混凝土面层,水泥混凝土桥面沥青铺装层,隧道路面,路面附属工程。本分册由内蒙古自治区交通运输厅、交通运输部公路科学研究所主编。由于编制时间和编制水平所限,书中如有不妥甚至错误之处,请广大读者不吝指正。

本书可供内蒙古自治区公路工程各参建单位、参建人员使用。各盟市对其中有关的具体指标可根据实际情况进一步细化和强化要求,对未尽事宜应予以补充完善。各有关单位和从业人员在使用本书时,如发现问题或提出改进意见,请函告内蒙古自治区交通运输厅(地址:呼和浩特市地质南街 68 号,邮编:010010,联系电话:0471-6968635,电子邮箱:bgs@nmjt.gov.cn)或交通运输部公路科学研究所(地址:北京市海淀区西土城路 8 号,邮编:100088,联系电话:010-62079067,电子邮箱:jiang.li@rioh.cn)。

**内蒙古自治区交通运输厅**

**2015 年 11 月**

# 目　　录

# 1 总则

## 1.1 目的及意义

为规范内蒙古自治区高等级公路路面工程施工管理，明确施工工序和质量控制要点，消除路面施工中常见的质量通病，提升路面工程质量，延长路面使用寿命，结合内蒙古自治区高等级公路路面施工的实际情况，特制定本指南。

## 1.2 编制依据

(1)国家、交通运输部等工程建设主管部门颁布的与公路工程建设有关的文件、规范、规程、标准和指南。

(2)内蒙古自治区颁布施行的有关公路施工管理的规定。

(3)全国高等级公路成熟的建设经验和行业内经实践证明的先进的新材料、新技术、新工艺及相关管理办法。

## 1.3 适用范围

本指南适用于内蒙古自治区新建、改扩建高等级公路(本指南“高等级公路”是指高速公路、一级公路)建设项目的路面工程，其他等级公路(本指南“其他等级公路”是指二级及二级以下公路)可参照执行。

## 1.4 基本要求

(1)路面工程施工必须严格遵守国家和行业的安全生产法律、法规，积极改善施工条件，制订切实可行的施工方案和安全生产措施，确保施工人员的安全和作业人员的身体健康。

(2)路面工程施工必须符合国家环境和生态保护的规定。

(3)本指南附录所列图均为示意图。

(4)在使用和执行本指南过程中，应严格执行现行的相关技术标准、规范、规程、规定；在应用过程中如有更新，应以最新发布的内容为准。本指南未提及的，请参照现行相关的技术标准、规范、规程、规定执行。

# 2　施工准备

## 2.1　一般要求

(1)设计文件初步形成后,设计单位应组织专业技术人员先进行内审,如发现问题应再次进行修改完善;建设单位还应委托具有相关资质的专业机构进行咨询审查,并应对审查结果做出书面报告,最后根据审查意见做进一步的修改完善;在路面工程实施过程中,设计单位应按照合同约定派参与设计的主要技术人员现场驻点跟踪服务,实时检查现场路面施工与设计的一致性、施工工艺与设计要求的符合性、地质情况与勘测结果的吻合性,及时完善、优化设计,向建设单位提出书面建议,及时按照规定程序办理变更设计事宜;在此过程中对建设单位、施工单位、监理单位在施工图会审中提出的问题和疑问应进行认真的研究,并提出相应的解决办法,以书面的形式进行答复。

(2)承包人必须对建设单位提供的图纸及相关技术文件加强审查,有异议或建议的应及时书面提出。

(3)项目经理部、料场以及拌和场建设标准应符合合同要求、本指南《工地建设》分册相关规定,并满足工程实际需要。

(4)承包人应按照合同文件要求组织人员、设备进场,以满足施工要求。

(5)路面工程承包人进场后,应结合工程的主要特点,收集气象、水文及地质等资料,调查沿线料源分布和交通条件,落实项目经理部、混合料拌和场的具体位置及平面布置等工作,并编制调查报告,经监理工程师批准后,开展场地建设。

(6)承包人必须建立施工质量保证体系,推行全面质量管理、ISO 9002 质量管理体系,制订和完善质量要求,明确质量责任及考核办法,建立质量责任人档案,落实质量责任制;适时对各类施工班组、施工人员进行岗前培训和技术、安全等交底。

(7)路面工程施工前,应做好路基、桥梁及隧道工程等的验收和移交工作,并办理相应书面手续;路面工程施工期间,每一结构层施工前,应对其下承层和路基进行检查,合格后方可进行该结构层施工。

(8)监理单位应根据工程实际情况制订切实可行的监理工作大纲和具体的实施细则,对控制性工程均应制订专项质量、进度计划、安全控制措施,对特殊施工工艺、关键工序应制订监理旁站检测制度。

(9)路面工程施工前,监理单位应建立各项检查、抽查巡视、旁站制度,切实加强路面施工过程中的旁站监理制度;应保证监理日志、巡视、旁站等记录资料的及时、真实和齐全性。

(10)监理单位应积极配合上级单位的每次检查,还应对路面工程质量、安全、环保、进度等各方面每月进行检查,同时采取日常巡视、现场抽查等多种方式对施工工艺、工序进行随时检查,并对每次检查做出书面评估报告,且明确报告负责人。

(11)凡用于工程的原材料(半成品、成品)等必须检验合格,并经监理批准后方可进场;具备条件的应建立进场许可证制度;在使用过程中,按相关要求加强对原材料的检测。

(12)监理单位应根据施工单位的报检资料,按照规范及合同约定的试验频率做好抽检、平行试验等工作,必须对路面原材料进行严格把关,并建立相应的抽检办法、做好检测台账等。监理工程师对某种材料质量发现有疑问或问题时,应随时进行抽检。对于故意、恶意以劣质材料代替优质材料等一系列造假现象,并对路面工程质量造成不利影响的行为,监理单位应立刻上报建设单位,做出严肃处理。

(13)监理单位对隐蔽工程必须建立检查制度,报备建设单位并告知施工单位。隐蔽工程的检查制度应包含但不限于以下内容。

①路面重要隐蔽工程(由各方协商确定)施工时,监理人员必须进行旁站监理,以消除影响工程质量的不利因素。监理工程师应在规定时间内对隐蔽工程做现场质量检查,确保所有质量参数满足设计和有关的规范要求。路面隐蔽工程施工时,若施工单位技术员、施工员不满足人员要求时,监理单位有权不同意现场施工。

②当路面隐蔽工程或其他一些重要工序完成后,施工单位应先进行自检,合格之后填写隐蔽工程报验单并上报监理工程师;监理工程师应对将覆盖或掩蔽的工程的任何部分进行检查、测量和验收。施工单位在没有得到监理工程师批准认可的前提下,不得将工程的任何部分覆盖、掩蔽或修饰,不可以进行下一道工序。

③当重要的路面隐蔽工程或重要工序完成后,监理工程师应请建设单位、设计代表参加验收。对某些没有能力检测的隐蔽工程项目,监理单位则必须请具有相关资质的检测单位进行检测。

④路面隐蔽工程的施工、监理等有关资料应及时整理、签认、归档,必须留有照片,必要时应留有录像资料。

(14)为了确保各级试验机构资质认可的有限性,保证施工质量的可比性和一致性,大型工程必须在施工开始前进行能力认证试验。

## 2.2 技术准备

(1)路面工程开工前,设计单位应做好设计文件交底工作,监理单位和承包人应对设计文件进行审核,对设计文件中存在的问题和建议应及时以书面形式报送建设单位和设计单位。建设单位应编写路面施工指导书,内容应包括路面各主要结构层。

(2)按照合同约定建立满足要求的工地试验室;工地试验室建成后应向有关部门履行备案手续。正式施工前,应与相关试验检测机构,做好沥青、集料、混合料等原材料、成品料的试验比对工作。

(3)承包人进驻工地后,应按合同文件的要求完成导线、水准点的复测,并根据需要对相应测点进行加密。

(4)编制实施性施工组织设计。承包人应在签订合同协议书后28d内完成实施性施工组织设计的编制工作,其内容应包括:编制依据、工程概况、场地布置及临时工程的准备情况、主要施工人员、设备、机构设置、工程项目的进度计划、材料及机械设备的进场供应计划、资金使用计划、单位、分部及分项工程划分、工区划分、主要施工方案、施工方法及质量控制、安全、环保、文明施工的各项保证体系和措施。

(5)编制总体开工报告。承包人应在开工准备工作就绪后,编制完整的“总体开工报告”。其主要内容包括:施工准备、施工组织设计、试验室建设、进度计划(含人员、材料、机械及试验检测仪器进场情况)、质保体系、安全体系的建立情况等。各分项工程开工前,也需编制“分项开工报告”。

(6)分部或分项工程开工报告。承包人应在分部或分项工程开工前14d,向监理工程师提交开工报告,其内容应包括:施工地段与工程名称、现场负责人名单、施工组织和劳动力安排、材料供应及机械进场等情况、材料试验及质量检查手段、水电供应、临时工程的修建、施工方案进度计划以及其他需要说明的事项。

(7)承包人应在开工前将施工组织设计和总体开工报告,报送驻地监理工程师办公室(以下简称驻地办)审核、总监理工程师办公室(以下简称总监办)审批。

(8)在正式开工前,承包人应对所有参加施工人员分层次组织技术培训和技术交底。其主要内容包括施工工艺、质量控制、安全措施、环境保护等。

(9)对于《高速公路项目交工检测质量不符合项清单》和《高速公路项目竣工鉴定质量不符合项清单》所列工程内容,如横向力系数(SFC)、松散、泛油、车辙、离析、裂缝、水泥混凝土路面断板等,在施工过程中应重点控制,加强管理,进一步加强公路建设工程项目质量。

## 2.3 机械准备

(1)工程施工机械设备应类型齐全、配套完整、性能优良、功效高,并满足施工质量、进度、安全等要求。设备(含操作人员)使用前必须通过建设单位(或授权监理单位)组织的试运行考核,达标后方可正式投入使用。

(2)承包人的机械设备进场计划必须满足合同中的相关要求,并满足工程实际需要。

(3)承包人的机械设备配置必须满足合同要求和项目工程建设实际需要。路面各主要类型结构层的机械设备配置可参考表2-1。

机械设备配置　　表2-1

<table>
<tr><th colspan="2">结构层类型</th><th>机械设备名称</th><th>单位</th><th>数量</th><th>备　注</th></tr>
<tr><td rowspan="12">垫层</td><td rowspan="6">级配碎石</td><td>拌和机(500t/h)</td><td>台</td><td>1</td><td>—</td></tr>
<tr><td>摊铺机</td><td>台</td><td>2</td><td>性能一致</td></tr>
<tr><td>双钢轮振动压路机(12~15t)</td><td>台</td><td>3</td><td>—</td></tr>
<tr><td>单钢轮振动压路机(≥20t)</td><td>台</td><td>2</td><td>—</td></tr>
<tr><td>轮胎压路机(≥25t)</td><td>台</td><td>2</td><td>—</td></tr>
<tr><td>自卸汽车(≥15t)</td><td>辆</td><td>≥15</td><td>—</td></tr>
<tr><td rowspan="6">天然砂砾</td><td>推土机</td><td>台</td><td>2</td><td>—</td></tr>
<tr><td>平地机</td><td>台</td><td>2</td><td>—</td></tr>
<tr><td>装载机</td><td>台</td><td>2</td><td>—</td></tr>
<tr><td>单钢轮振动压路机(≥20t)</td><td>台</td><td>2</td><td>—</td></tr>
<tr><td>轮胎压路机(≥25t)</td><td>台</td><td>2</td><td>—</td></tr>
<tr><td>自卸汽车(≥15t)</td><td>辆</td><td>≥15</td><td>—</td></tr>
<tr><td rowspan="8">底基层</td><td rowspan="8">水泥稳定材料、石灰稳定材料、水泥粉煤灰稳定材料、石灰粉煤灰稳定材料等</td><td>路拌机/拌和机(500t/h)以上</td><td>台</td><td>2/1</td><td>—</td></tr>
<tr><td>平地机</td><td>台</td><td>1</td><td>—</td></tr>
<tr><td>摊铺机</td><td>台</td><td>2</td><td>—</td></tr>
<tr><td>推土机</td><td>台</td><td>1</td><td>—</td></tr>
<tr><td>三轮压路机(18~20t)</td><td>台</td><td>2</td><td>—</td></tr>
<tr><td>单钢轮振动压路机(≥20t)</td><td>台</td><td>2</td><td>—</td></tr>
<tr><td>轮胎压路机(≥25t)</td><td>台</td><td>1</td><td>—</td></tr>
<tr><td>自卸汽车(≥15t)</td><td>辆</td><td>≥15</td><td>—</td></tr>
<tr><td rowspan="6">基层</td><td rowspan="6">水泥稳定材料、水泥粉煤灰稳定材料、石灰粉煤灰稳定材料等</td><td>拌和机(500t/h)</td><td>台</td><td>1</td><td>—</td></tr>
<tr><td>摊铺机</td><td>台</td><td>2</td><td>性能一致</td></tr>
<tr><td>单钢轮振动压路机(≥18t)</td><td>台</td><td>≥2</td><td>—</td></tr>
<tr><td>单钢轮振动压路机(≥20t)</td><td>台</td><td>≥2</td><td>—</td></tr>
<tr><td>轮胎压路机(≥25t)</td><td>台</td><td>≥2</td><td>—</td></tr>
<tr><td>自卸汽车(≥15t)</td><td>辆</td><td>≥15</td><td>—</td></tr>
<tr><td rowspan="5">面层</td><td rowspan="5">热(温)拌沥青混合料面层</td><td>间歇式沥青拌和机(3000型以上)</td><td>台</td><td>1</td><td>应配备混合料生产质量动态监控仪</td></tr>
<tr><td>摊铺机</td><td>台</td><td>2</td><td>性能一致</td></tr>
<tr><td>双钢轮振动压路机(≥11t)</td><td>台</td><td>2</td><td>性能一致</td></tr>
<tr><td>轮胎压路机(≥25t)</td><td>台</td><td>≥3</td><td>宜配置间隔式喷水装置</td></tr>
<tr><td>自卸汽车(≥15t)</td><td>辆</td><td>≥15</td><td>—</td></tr>
</table>

续上表

| 结构层类型 | | 机械设备名称 | 单位 | 数量 | 备　注 |
|---|---|---|---|---|---|
| 面层 | 水泥混凝土面层 | 间歇式拌和设备 | 台 | 1 | — |
| | | 滑模摊铺机 | 台 | 1 | — |
| | | 三辊轴机组 | 台 | 1 | 根据需求 |
| | | 硬刻槽机 | 台 | 1 | — |
| | | 机动翻斗车 | 台 | ≥3 | — |
| | | 排式振捣机 | 台 | 1 | — |
| | | 平板振动器(≥2.2kW) | 台 | 1 | 根据需求 |
| | | 插入式振捣器(≥1.1kW) | 台 | 1 | — |
| | | 振捣整平梁(≥1.1kW) | 台 | 2 | — |
| | | 提浆滚杠 | 台 | ≥2 | — |
| | | 抹面机(叶片式或圆盘式) | 台 | 1 | — |

注:1.所有施工设备的先进性和精度要求应不低于现行相关规范的技术要求;当采用新设备、新机械(相关技术规范未提及的)时,应经建设单位组织论证后使用。关键设备如摊铺机、碾压机等都应随身附带经监理签字确认的关键工艺操作手册。

2.机械设备要求为双向四车道高速公路,一个工作面所配置;对于双向六车道及以上高速公路应增加设备配置;其他等级公路可参考配置。

3.底基层天然砂砾要求同垫层天然砂砾;低剂量水泥稳定碎(砾)石底基层、二灰碎石基层机械设备要求同水泥稳定碎(砾)石基层;沥青碎石基层机械设备要求同热拌沥青混合料面层。

4.面层热拌沥青混合料类型为SMA类时,双钢轮压路机配置为不少于5台,不采用轮胎压路机。

5.下封层施工,需配备智能型沥青洒布车、集料撒布机各1台,或配备沥青洒布、集料撒布一体机1台;透层、黏层施工配置智能型沥青洒布车1台。

6.机械设备参数必须满足合同要求和项目工程建设实际需要,主要机械设备参数可参考文中所列。

## 2.4　试验检测仪器准备

(1)路面工程承包人在正式开工前,需配备性能良好、精度满足要求、经过当地计量认证部门标定的试验检测仪器,并配备有足够的易损部件;试验仪器(含试验人员)必须通过建设单位(或授权监理单位)组织的实际操作(现场模拟试验)能力及理论知识的考核,达标后方可正式投入使用。

(2)承包人的试验仪器配置必须满足合同要求和项目工程建设实际需要。路面各主要类型结构层的试验仪器配置可参考表2-2。

**试验仪器配置**　　表2-2

| 结构层类型 | 试验仪器名称 | 数量 | 备　注 |
|---|---|---|---|
| 垫层、底基层、基层 | 水泥胶砂振动台 | 1台 | — |
| | 水泥凝结时间测定仪 | 1台 | — |
| | 水泥比表面积测定仪 | 1台 | — |
| | 水泥细度负压筛析仪 | 1台 | — |
| | 安定性检验仪 | 1台 | — |
| | 水泥、石灰剂量测定设备 | 1套 | — |
| | 石灰有效钙和氧化镁含量测定设备 | 1套 | — |
| | 重型击实仪 | 1台 | 两者取一,优先选用振动成型仪 |
| | 振动成型仪 | 1台 | — |
| | 恒温烘箱 | 1台 | — |
| | 抗压试件制备与抗压强度测定设备 | 1套 | — |
| | 标准养护室 | 1间 | — |
| | 脱模器 | 1台 | — |
| | 标准养护设备 | 1台 | — |
| | 电子天平 | 2台 | — |

续上表

| 结构层类型 | 试验仪器名称 | 数量 | 备　注 |
|---|---|---|---|
| 垫层、底基层、基层 | 灌砂筒等压实度测定设备 | 1套 | — |
| | 标准筛 | 1套 | — |
| | 土液、塑限联合测定仪 | 1台 | — |
| | 压碎值仪 | 1台 | — |
| | 针片状测定仪器 | 1台 | — |
| | 大马歇尔击实仪 | 1台 | 选择配置 |
| | 大马歇尔试模 | ≥20只 | 选择配置 |
| | 大马歇尔稳定度试验仪 | 1台 | 选择配置 |
| | 电子天平 | 2台 | — |
| 热(温)拌沥青混合料面层 | 针入度仪 | 1台 | — |
| | 延度仪 | 1台 | — |
| | 软化点仪 | 1台 | — |
| | 试验室用沥青混合料拌和机 | 1台 | — |
| | 脱模器 | 1台 | — |
| | 马歇尔试件击实仪 | 1台 | — |
| | 沥青混合料马歇尔试验仪 | 1台 | — |
| | 旋转压实仪 | 1台 | 根据需要 |
| | 沥青混合料抽提仪或沥青含量测定仪(燃烧法) | 1台 | — |
| | 沥青路面用标准筛 | 1套 | — |
| | 压碎值仪 | 1台 | — |
| | 烘箱 | ≥2台 | — |
| | 试模 | ≥12只 | — |
| | 温度计 | ≥2支 | 二级精度 |
| | 恒温水浴 | 1台 | — |
| | 低温试验箱 | 1台 | — |
| | 路面取芯机 | 1台 | — |
| | 路面平整度设备 | 1台 | — |
| | 最大理论密度仪 | 1台 | — |
| | 砂当量仪 | 1台 | — |
| | 渗水仪 | 1台 | — |
| | 电子天平 | 2台 | — |
| 水泥混凝土面层 | 万能试验机 | 1台 | — |
| | 混合式气压法含气量测定仪 | 1台 | — |
| | 小型混凝土拌和机 | 1台 | — |
| | 振动台 | 1台 | — |
| | 坍落筒 | 1台 | — |
| | 电子天平 | 2台 | |

注:1.所有试验仪器的先进性和精度要求应不低于现行相关规范的技术要求;当采用新仪器(相关技术规范未提及的)时,应经建设单位组织论证后才使用。

2.大马歇尔击实仪、大马歇尔试模、大马歇尔稳定度试验仪为采用沥青碎石基层配备。

3.旋转压实仪为采用Superpave路面配备。

4.有条件地区,也可配置压实度无损检测设备。

## 2.5　料场及材料准备

(1)料场、拌和场建设标准应符合本指南《工地建设》分册的相关规定。

(2)路面施工前,应做好石灰、粉煤灰、水泥、沥青、集料等各项材料的采购,并根据工程进度,保证材料供应。

(3)正式施工前,材料储量应满足连续施工需要,其中基层集料满足5~7d的用量要求,面层集料应达到该结构层所需总量的30%以上。

## 2.6 下承层验收与准备

### 2.6.1 路基、桥梁及隧道工程验收

(1)当路面工程与路基、桥梁或隧道工程由不同承包人承担施工时,路面施工承包人应参加与监理组织的路基、桥梁与隧道工程的验收;验收合格后须办理移交手续。

(2)路基、桥梁、隧道验收应按照设计及规范要求,符合现行《公路工程质量检验评定标准　第一册土建工程》(JTG F80/1—2004)的相关规定。

①桥梁工程验收应重点检查水泥混凝土铺装层(或整体化层)纵断高程及横坡度、通信管道预埋件、水泥混凝土铺装层(或整体化层)表面裂缝和桥面排水系统。

②隧道工程验收应重点检查整平层、通信管道预埋件、水泥混凝土基层、连续配筋水泥混凝土层。

### 2.6.2 路面工程作业面准备

1)垫层、底基层作业面准备

(1)路基外形复查。主要内容包括:高程、中线偏位、宽度、横坡度和平整度。

(2)清除路基表面浮土、杂物,宜采用18t以上振动压路机进行慢速全幅碾压,以检验路基压实状况。路基顶面必须平整无坑洼。在碾压过程中,如发现土过干,表面松散,应适当洒水;如土过湿,发生“弹簧”现象必须进行处理。

(3)进行中线恢复。直线段宜每15~20m设一个桩,平曲线段宜每10~15m设一个桩,并在两侧路肩边缘外0.3~0.5m设指示桩,进行水准测量,标出上覆层边缘的设计高程。

2)基层作业面准备

(1)底基层外形检查。主要内容包括:高程、中线偏位、宽度、横坡度和平整度。

(2)底基层缺陷检查和修复。

(3)采用硬扫帚和鼓风机将下承层浮浆及杂物清理干净。

3)透层、下封层作业面准备

(1)基层外形检查。主要内容包括:高程、中线偏位、宽度、横坡度和平整度。

(2)基层缺陷检查和修复。水泥稳定碎(砾)石和二灰碎石基层分别在7~10d和20~28d龄期内应能取出完整的芯样;若取不出完整芯样,应进行返工处理。

4)黏层作业面准备

(1)按照相关规定对中、下面层的外观质量与内在质量进行全面检查,对局部质量缺陷(如严重离析、开裂和油污染等)进行修复。

(2)对中、下面层表面的污染物必须清扫干净,必要时用水冲刷;对于局部被水泥等杂物污染冲刷不掉的,应人工将表面水泥砂浆凿除。

5)沥青面层作业面准备

(1)检查下封层完整性。对已成型的下封层,用硬物刺破后应与基层表面相黏结,以不能成片被撕开为合格。下封层表面浮动矿料应扫至路面以外,表面杂物应清扫干净。

(2)进行中、上面层施工前,应检查黏层洒布情况,如出现多洒、少洒和漏洒等缺陷,应及时进行处理。

(3)检查桥面防水黏结层。对局部外漏和两侧宽度不足部分应按施工要求进行补洒。

6)桥面防水黏结层作业面准备

水泥混凝土桥面板表面应平整、粗糙,采用喷砂抛丸、精铣刨设备或人工凿除水泥混凝土浮浆、砂浆残留物等,用硬扫帚和鼓风机将下承层浮灰及杂物清理干净。

## 2.7　其他

场站建设、其他临时工程建设以及人员管理与制度建设等内容可参考本指南《工地建设》分册。

# 3 石料开采、集料加工与储运

## 3.1 一般规定

(1)本章适用于自行开采石料与集料加工。若直接采购成品集料,可按本章要求对生产企业的石料开采、集料加工过程进行检查与验收。

(2)石料开采、集料加工与储运等过程必须符合国家环境保护、安全等规定;石料开采应取得相关主管部门的行政许可。

(3)不同岩性、不同料源的石料不得混杂开采、加工;不同宕口、不同岩性、不同规格的集料不得混堆、混运。

(4)雨雪天禁止进行石料加工。

## 3.2 石料开采

(1)应根据岩石性能、储量、允许年开采量、运输条件,选择满足工程需求的宕口。宕口开采的石料、路基弃方片石均宜经过高压水冲洗干净并干燥后,方可用于破碎,以确保进入喂料口的片石无附带表层土石块、无风化石块、无泥块及杂草等。片石装车宜采用装载机。

(2)石料的岩性、密度、强度、吸水率等应满足路面施工的技术要求。

(3)爆破作业必须取得当地相关部门的批准,特殊工种人员必须持证上岗。炸药运输、储存和使用方法应符合现行《爆破安全规程》(GB 6722—2014)及危险品管理的相关规定。

(4)岩体断面上存在的表层植被、覆盖土、软弱夹层、风化层等应及时清理。

(5)石料装运过程中,严禁泥土、风化石、树皮、草根等杂物混入。

(6)宜建立专门的石料分拣堆放场地,并进行场地硬化处理。

## 3.3 集料加工

(1)集料加工生产能力应满足工程需要。集料生产设备包括二次或二次以上破碎方式的碎石生产线(其中至少有一次采用反击式或圆锥式破碎方式)、除尘设备、振动喂料机和三层以上的振动筛。

(2)集料首次破碎宜采用颚式破碎机,二次破碎应采用反击式破碎机,如集料针片状含量偏高,可采用冲击式破碎机整形。

(3)采用振动喂料机对进入破碎机的石料进行最后一次筛选,筛除石料中泥土等不适宜材料。

(4)集料加工的规格应满足路面各结构层要求。振动筛的筛网尺寸根据生产需要进行确定。

(5)沥青面层用集料,应严格控制各规格料中的粉尘含量,在二破、振动筛上均应安装除尘装置(可参考附图 E-1)。如采用水洗法除尘(可参考附图 E-2),应在适当位置设置沉淀池。

(6)在集料加工过程中,应采用洒水设备洒水作业,保护环境,减少扬尘和集料的二次污染,同时减少集料中的 0.075mm 颗粒的含量。根据实际生产情况,可对沥青混合料用粗集料进行水洗。水洗设备、工序应报监理工程师和业主批准。水洗可采用循环水洗,并确保水洗彻底。

(7)成品料的下料口处各规格集料必须分开堆放,相互之间采用隔墙分离,严禁不同规格集料之间相互串料。

## 3.4　集料储运

(1)集料堆放场地应进行硬化;场内运输道路应采用水泥混凝土路面,建设标准应符合本指南《工地建设》分册中的相关规定。

(2)各规格集料应分开堆放,相互之间采用隔墙分离,严禁出现串料和混料现象。

(3)在粗集料堆放时,宜按10°~15°的倾角分层堆放。运料车在坡脚紧密卸料,然后由推土机或装载机向高处堆平,减少集料离析,禁止汽车自料堆顶部向下卸料。

(4)成品集料运输过程中,应采取覆盖措施,防止二次污染。

## 3.5　质量控制

(1)在石料开采和集料加工过程中,应有专人进行检查,防止风化石、泥块、杂草等不合格材料进入集料生产线。

(2)集料加工过程中,在每次开机前对破碎机、振动筛、除尘器、皮带运输机等设备进行检查,对筛面的完整性、成品集料的粉尘含量进行控制,发现问题及时处理。

(3)集料加工过程中,应按要求检查各规格集料的质量,如发现集料质量波动较大时,应停止生产,并检查排除生产设备、工艺等环节存在的问题。

(4)集料加工质量标准,应符合本指南中的相关规定。

# 4 垫层

## 4.1 级配碎石

### 4.1.1 一般规定

(1)级配碎石混合料施工宜采用集中厂拌、摊铺机摊铺的施工方法。

(2)级配碎石压实厚度不宜超过20cm;当设计厚度超过20cm时,应分层铺筑,每层的压实厚度不宜小于10cm。

(3)在正式施工前,必须铺筑试验段,对施工工艺进行总结,试验段的质量检查频率应是正常路段的2倍。

(4)当级配碎石用于底基层或基层时,其施工工艺基本与垫层相同;但更应严格控制其级配和压实度,同时需满足相应设计文件要求。

### 4.1.2 施工准备

(1)级配碎石施工前的技术、机械、试验检测仪器、料场与材料及作业面等各项准备应符合本分册第2章2.2~2.6节相关规定。

(2)应对作业面进行检查、清理及修整,确保下承层表面平整、密实,具有规定的横坡,无任何松散、软弱和积水等现象。

(3)施工前应做好放样工作。恢复中线时,直线段宜每20m设一桩,平曲线段宜每10m设一个中桩,并在两侧边缘外设指示桩,桩上应明显标记出该层边缘的设计高度,用白灰画出该层的边缘线。

(4)承包人应在试验段开始前14d提出试铺方案报监理工程师审批。施工方案包括试验人员、机械、设备、施工工序和施工工艺等详细说明。

### 4.1.3 材料要求

1)集料

(1)集料应清洁,不含有机物、土块、杂物及其他有害物质。

(2)集料最大粒径不应超过37.5mm,可按19~37.5mm、19~31.5mm、9.5~19mm、4.75~9.5mm及0~4.75mm五种规格备料。

(3)集料技术要求应符合现行《公路路面基层施工技术细则》(JTG/T F20—2015)的相关规定。

2)水

符合现行《生活饮用水卫生标准》(GB 5749—2006)的饮用水可直接作为级配碎石材料拌和与养生用水。来自可疑水源的水应按照现行相关技术规范要求进行化验鉴定。

### 4.1.4 混合料配合比设计

(1)级配碎石混合料应采用重型击实方法进行混合料配合比设计。

(2)级配碎石颗粒组成和塑性指数等应满足现行《公路路面基层施工技术细则》(JTG/T F20—2015)相关要求。

(3)级配碎石 CBR 值应满足设计文件要求,回弹模量应不小于 300MPa。

(4)级配碎石混合料组成设计。

①取实际使用的集料,分别进行筛分,按颗粒组成进行计算,按照现行《公路沥青路面设计规范》(JTG D50—2006)或《公路路面基层施工技术细则》(JTG/T F20—2015)的级配范围要求,调整各种矿料比例设计粗、中、细 3 组初试级配。

②对每种级配选取 5 个含水率进行重型击实试验,确定级配碎石的最佳含水率及最大干密度。

③在最佳含水率下成型试件,选取 CBR 值最大者作为设计级配。

### 4.1.5　试验段施工

(1)试验段应在主线选择经验收合格的下承层上进行,采用不少于两种试铺碾压方案,每一种试铺方案为 100~200m。

(2)试验段铺筑前,必须做好相关前期准备工作,具备相应的施工条件,报建设单位或监理单位审批。

(3)试验段确定的主要内容。

①施工配合比。调试拌和机,测量其计量准确性。通过检查混合料含水率、集料级配、CBR 值,调整拌和方法、拌和时间,保证混合料均匀性。

②当需分层铺筑时,确定每层的合适厚度。

③确定松铺厚度和松铺系数。

④确定施工方法:

A.混合料配合比的控制;

B.合适的拌和机械、拌和方法和拌和时间;

C.混合料含水率的调整和控制方法;

D.混合料摊铺方法和适用机具,包括摊铺机行进速度、摊铺厚度控制方式、梯队作业时摊铺机间隔距离等;

E.压实机械的选择和组合,压实的顺序、速度和遍数;

F.拌和、运输、摊铺和碾压机械的协调和配合。

⑤确定每一作业段合适的作业长度。

(4)当使用的原材料和混合料、施工机械、施工方法满足要求,试验段各项检验结果符合规定后,按附录 C 要求编写试铺总结,经审批后作为申报正常路段开工的依据。

(5)试验段经检验合格,作为正常路段的一部分。若不满足要求,经采取补救措施后仍无法满足使用功能的路段应铲除重铺。

### 4.1.6　施工要点

1)拌和

(1)拌和机各料仓开口大小和皮带计量精度应事先经过当地计量认证部门标定,并在施工过程中经常检查和校正。

(2)施工中细集料应采用篷布覆盖。

(3)开始拌和前,拌和场的备料至少应能满足 5~7d 的摊铺用料。

(4)每天拌和前应检查各拌和设备的工作参数,使混合料颗粒组成和含水率达到规定的要求。

(5)每天拌和前应测定各种规格集料的含水率,结合天气、运距等情况调整外加水量。一般情况下,混合料的含水率比最佳含水率宜提高 0.5~1 个百分点,在气温高、风速大、天气干燥的情况下,宜提高 1~2 个百分点。早晚与中午的含水率应有区别。

(6)应有足够数量的装载机加料,确保拌和机各仓集料充足,同时避免料仓串料。

(7)拌和机出料不应采取自由跌落式的落地成堆、装载机装料运输的办法。料仓应配备带活门漏斗,由漏斗出料直接装车运输。装车时车辆应前、后、中三次装料,避免混合料离析。

2)运输

(1)运输车辆应采用大吨位的自卸车,车况应良好、整洁。运输车辆在每天开工前,应检查其完好情况。运输车辆数量须满足拌和、出料及摊铺需要,并略有富余。

(2)混合料在运输过程中必须覆盖,以减少水分损失。

3)摊铺

(1)在级配碎石垫层边缘打好厚度控制线支架,根据松铺系数计算松铺厚度,确定控制线高度,挂好控制线。用于控制摊铺机摊铺厚度的钢丝拉力应不小于800N。

(2)摊铺前及摊铺过程中应检查摊铺机各部分运转情况,确保运转正常。

(3)摊铺机前等待卸料的运输车辆应不少于5辆,保持连续摊铺。

(4)在摊铺机前应设专人组织自卸车卸料,避免自卸车撞击摊铺机。

(5)用大功率摊铺机时,可采用单机单幅全断面摊铺;也可采用两台摊铺机梯队作业方案。

(6)现场摊铺采用单机摊铺时应采用两侧走钢丝的方法控制高程;采用两台摊铺机梯队作业时,两台摊铺机前后间距宜控制在10m以内,前台摊铺机采用路侧钢丝和设置在路中的导梁控制路面高程,后台摊铺机路侧采用钢丝、路中采用滑靴控制高程和厚度。前后两台摊铺机应重叠50~100mm。

(7)摊铺速度一般宜在1m/min左右。摊铺过程中根据拌和能力和运输能力确定摊铺速度,避免摊铺机停机待料的情况。

(8)摊铺过程中应随时注意材料离析情况,应设专人随时消除粗细集料离析现象;对于粗集料集中或细集料集中的地方,应分别添加细集料或粗集料,并拌和均匀;对严重离析部位应挖除后,用符合要求的混合料填补。

(9)熨平板前的混合料高度以略高于螺旋布料器2/3高度为宜,且全长同高;螺旋布料器在全部工作时间内应匀速转动,避免过快或停顿。

(10)结构物两侧的摊铺应满足以下要求:

①应在施工前对结构物两侧工作面进行清理和修整,扫除松散材料和所有杂物,处理好欠压实、不平整等问题;

②正交结构物两侧作为摊铺起点时,应使用相应厚度的垫块,不得采用人工摊铺;

③斜交结构物两侧等摊铺机无法工作的部位采用人工摊铺,应控制好松铺厚度和平整度。

(11)级配碎石垫层也可采用推土机联合平地机摊铺。

4)碾压

(1)在摊铺、修整后,压路机应在全宽范围内紧跟碾压,一次碾压段落长度一般为50~80m。碾压应遵循"先轻后重、先慢后快、横断面从低到高"的原则。碾压段落必须层次分明。

(2)碾压程序应按试验段确认的方法进行,碾压时,应重叠1/3轮宽。各部位碾压遍数应尽量相同,压路机碾压不到的部位用小型平板式振动器施振密实。

(3)碾压应遵循试验段确定的程序与工艺,宜按照稳压(静压)→弱振→强振→稳压收面的工序进行压实。

(4)严禁压路机在正在施工和刚完成的路段上掉头。除非特殊情况,应尽可能避免紧急制动。当出现拥包时,应铲平处理。

(5)为保证级配碎石垫层边缘压实度,应有10cm的超宽压实;当用方木或型钢模板支撑时,超宽可适当减小。

(6)压实后表面应做到平整均匀,无轮迹。施工过程中及时用3m直尺进行平整度检测。

5)接缝处理

(1)当采用梯队摊铺时,纵向接缝应一次碾压密实。如有间隔时间较长的纵向接缝,应留一定的宽度暂不碾压,在后续摊铺完成后跨缝一次碾压密实。

(2)横向接缝应与路面车道方向垂直设置,并按以下方式进行施工:

①压路机碾压完毕,应沿端头斜面开到下承层上停机过夜;

②第二天将压路机沿斜面开到前一天施工的垫层上,用3m直尺纵向放在接缝处,定出垫层离开3m直尺的点作为接缝位置,沿横向断面挖除坡下部分混合料,清理干净后,摊铺机从接缝处起步摊铺;

③压路机沿接缝横向碾压,由前一天压实层逐渐推向新铺层,碾压完毕再正常碾压;

④碾压完毕,接缝处纵向平整度应平整、无起伏。

6)养生及交通管制

(1)级配碎石垫层在施工完毕后应禁止车辆通行。

(2)垫层施工完成后,应尽快安排上覆层施工。

(3)裸露级配碎石垫层不宜直接过冬,不得已直接过冬时应采取保温措施,保证级配碎石不发生冻坏现象。

### 4.1.7 质量控制

(1)原材料试验应按照现行《公路路面基层施工技术细则》(JTG/T F20—2015)的有关规定执行,粗集料检测频率宜不小于每2 000t检测1次、细集料宜不小于每1 000t检测1次。

(2)混合料级配检验宜在拌和场运输机皮带上取样,具体取样方法按照现行《公路工程集料试验规程》(JTG E42—2005)中的规定执行;在施工现场取样时,应采取措施确保样品的代表性。

(3)施工过程中,应随时检查级配碎石混合料拌和以及摊铺的均匀性,以达到无粗细集料离析现象。

(4)施工过程中应注意高程、厚度、平整度控制及对离析的检查,发现问题及时分析解决。

(5)压实度检查应在碾压结束后立即进行,对于小于规定值的测点应立即进行处理。

(6)级配碎石混合料质量控制内容与垫层成品质量要求可分别参考表4-1和表4-2的相关规定。

**级配碎石混合料质量要求** 表4-1

| 检查项目 | | 质量要求或允许差 | 检查频率 | 取样/检查方法 |
|---|---|---|---|---|
| 矿料级配与生产级配的差(%) | 0.075 | ±2 | 1次/2 000m² | 拌和机皮带上取样 |
| | ≤2.36mm | ±6 | | |
| | ≥4.75mm | ±7 | | |
| CBR(%) | | ≥100 | 1组/3 000m² | 《公路土工试验规程》(JTG E40—2007) |
| 含水率(%) | | 最佳含水率+2,-1 | 1组/2 000m² | 烘干法 |

注:生产级配指的是通过试铺确定的设计级配。

**级配碎石垫层质量要求** 表4-2

| 检查项目 | | 质量要求 | | 检查规定 | |
|---|---|---|---|---|---|
| | | 要求值或容许误差 | 外观要求 | 频率 | 方法 |
| 压实度(%) | 代表值 | 96 | 满足技术规范要求 | 2处/(200m·车道) | 灌砂法 |
| | 极值 | 94 | | | |
| 平整度(mm) | | 12 | 平整、无起伏 | 2处/200m,每处10尺 | 3m直尺测量 |
| 纵断面高程(mm) | | +5,-20 | 平整顺适 | 4断面/200m | 每断面3~5点,水准仪测量 |
| 厚度(mm) | 代表值 | -10 | 均匀一致 | 1处/(200m·车道) | 每处2点,路中及边缘挖坑检查 |
| | 合格值 | -25 | | | |
| 宽度(mm) | | 不小于设计值 | 边缘顺直 | 4处/200m | 皮尺丈量 |

续上表

| 检查项目 | 质量要求 | | 检查规定 | |
|---|---|---|---|---|
| | 要求值或容许误差 | 外观要求 | 频率 | 方法 |
| 横坡度(%) | ±0.3 | — | 4断面/200m | 水准仪测量 |
| 弯沉值(0.01mm) | 实测 | — | 1处/20m | 按现行《公路路基路面现场测试规程》(JTG E60—2008)执行 |
| 外观均匀性 | 混合料满足表4-1“矿料级配与生产级配的差”检查项目 | 表面平整密实,边线整齐,无松散,无明显离析 | — | — |

注:1.级配碎石垫层质量要求来自现行《内蒙古自治区公路工程质量控制标准 土建工程》(DB 15/T 441—2008)。

2.检测频率除注明之外,系指单幅双车道。

## 4.2 天然砂砾

### 4.2.1 一般规定

(1)天然砂砾垫层宜采用推土机联合平地机进行摊铺,有条件时可采用摊铺机进行摊铺。

(2)天然砂砾混合料压实厚度不宜超过20cm;当设计厚度超过20cm时,应分层铺筑,每层最小压实厚度宜不小于10cm。

(3)天然砂砾施工,对主线单幅每一摊铺、碾压的作业段长度宜控制在50~80m;对匝道路面垫层,每一摊铺、碾压的作业段长度宜控制在100~120m。

(4)在正式施工前,必须铺筑试验段,对施工工艺进行总结。试验段的质量检查频率应是正常路段的2倍。

### 4.2.2 施工准备

(1)天然砂砾垫层施工前的技术、机械、试验检测仪器、料场与材料及作业面等各项准备应符合本分册第2章2.2~2.6节相关规定。

(2)应对作业面进行检查、清理及修整,确保下承层表面平整、密实,具有规定的横坡,无任何松散、软弱和积水等现象。

(3)施工前应做好放样工作。恢复中线时,直线段宜每15~20m设一桩,平曲线段宜每10~15m设一个中桩,并在两侧边缘外设指示桩,桩上应明显标记出该层边缘的设计高度,用白灰画出该层的边缘线。采用摊铺机施工时,应钉好钢钎,拉上用来控制摊铺高度的钢丝并用紧线器紧好,然后测出钢丝高程。

### 4.2.3 材料要求

(1)砂砾的压碎值不大于35%。

(2)天然砂砾质量要求和级配组成应满足现行《公路沥青路面设计规范》(JTG D50—2006)或现行《公路路面基层施工技术细则》(JTG/T F20—2015)的相关要求。

(3)符合现行《生活饮用水卫生标准》(GB 5749—2006)的饮用水可直接作为天然砂砾材料拌和与养生用水。来自可疑水源的水应按照现行相关技术规范要求进行化验鉴定。

### 4.2.4 混合料配合比设计

(1)天然砂砾符合规定的级配要求,液限应小于28%,塑性指数应小于9,小于0.075的颗粒含量应小于15%。

(2)天然砂砾级配不满足要求时,应掺配碎石或破碎卵石,掺配比例由试验确定。

(3)塑性指数偏大的砂砾,可加少量石灰降低其塑性指数,也可以用无塑性的砂或石屑进行掺配,使其塑性指数降低到满足要求。

(4)采用重型击实方法确定天然砂砾的最佳含水率和最大干密度。

### 4.2.5　试验段施工

(1)试验段应选在主线上,长度不宜小于200m,确定施工机械设备的种类、组合方式、碾压速度及遍数、工序安排和松铺厚度等。

(2)试验段铺筑前,必须做好相关前期准备工作,具备相应的施工条件,报建设单位或监理单位审批。

(3)试验段施工按照现行《公路路面基层施工技术细则》(JTG/T F20—2015)执行。

(4)当使用的原材料和混合料、施工机械、施工方法满足要求,试验段各项检验结果符合规定后,按附录C要求编写试铺总结,经审批后作为申报正常路段开工的依据。

(5)试验段经检验合格后,作为正常路段的一部分。若不满足要求,经采取补救措施后仍无法满足使用功能的路段,应铲除重铺。

### 4.2.6　施工要点

1)运输和摊铺

(1)对需要掺加石灰降低塑性指数的混合料或含水率较低需要加水时应在料场进行闷料。

(2)下承层应用白灰打方格,每方格面积应通过松铺系数和每辆运输车辆装载量确定。

(3)松铺系数应通过试验段确定,一般情况下人工摊铺混合料时,其松铺系数为1.40~1.50;平地机摊铺混合料时,其松铺系数为1.25~1.35。

(4)应控制每车装料的数量,使其基本相等,运至下承层后应按所打方格均匀卸料。

(5)混合料在下承层上的堆置时间不宜过长,运输与摊铺工序应紧凑衔接。

(6)用推土机配合平地机将混合料均匀地摊铺在预定的宽度上,表面应平整,横坡度符合规定。

(7)检查松铺材料层的厚度是否满足设计要求,必要时应进行减料或补料工作。

(8)推土机粗平后,混合料的含水率应均匀,并较最佳含水率大1~3个百分点,以弥补摊铺与整平过程中的水分损失,且应无粗细颗粒离析现象。

(9)整平。

①用平地机由外侧向内侧进行刮平,采用挂线法及时检查松铺高程及松铺厚度,满足要求后压路机碾压一遍,以暴露潜在的不平整。

②压路机初压一遍后,再用平地机精平,按规定的横坡度进行整平和整形。

(10)当采用摊铺机施工时,可参考本章4.1.6节的相关规定。

2)碾压

(1)整形后,当混合料的含水率等于或略大于最佳含水率时,应进行碾压,碾压工艺应根据试验段结果确定,碾压工艺可参考表4-3选用。具体碾压遍数通过试验段确定。

**压路机典型碾压工艺**　　表4-3

| 压路机类型 | 初压 | | 复压 | | 终压 | |
|---|---|---|---|---|---|---|
| | 速度(km/h) | 遍数 | 速度(km/h) | 遍数 | 速度(km/h) | 遍数 |
| 18t以上振动压路机 | 1.5~1.7(静压) | 1 | 2.0~2.5(振压) | 3~4 | — | — |
| 20t胶轮压路机 | — | — | — | — | 5 | 1 |

(2)碾压应遵循“先轻后重、先慢后快、横断面从低到高”的原则。碾压时,应重叠1/3轮宽,必要时辅以洒水碾压,完成后表面应无明显轮迹。

(3)碾压段落必须分明,并设置明显的分界标志。

(4)路面两侧应多压1~2遍,以保证边缘压实度。

(5)严禁压路机在正在碾压的路段上掉头或紧急制动。

(6)未经压实的混合料遭雨淋或受冻后,应清除更换。

3)接缝

横向接缝,应将前一段留下不少于2m的铺面,不进行碾压;后一段摊铺后,应与前一段留下部分一次碾压密实,必要时洒水碾压。

4)养生及交通管制

(1)天然砂砾垫层在施工完毕后禁止车辆通行。

(2)施工完成后应尽快安排上覆层施工。

(3)裸露天然砂砾垫层不宜直接过冬,不得已时应采取保温措施,保证级配碎石不发生冻坏现象。

### 4.2.7 质量控制

(1)天然砂砾进场前,应筛除超粒径的砾石。

(2)原材料试验应按照现行《公路路面基层施工技术细则》(JTG/T F20—2015)有关规定执行,宜不少于每1 000t检测一次。

(3)在施工过程中应注意高程、厚度、平整度控制,发现问题及时处理。

(4)压实度检查应在碾压结束后立即进行,对不满足要求的进行处理。

(5)CBR测定用试样应在碾压前在铺面上取样,并进行测定。

(6)施工过程中天然砂砾混合料质量控制内容可参考表4-4的相关规定,垫层质量要求可参考表4-5的相关规定。

天然砂砾施工过程质量要求　　表4-4

| 检查项目 | 质量要求或允许差 | 检查频率 | 取样/检查方法 |
|---|---|---|---|
| 矿料级配 | 满足4.2.3节要求 | 1次/作业段 | 现场取样 |
| 塑性指数 | | 1组/3 000m² | 按现行《公路土工试验规程》(JTG E40—2007)执行 |
| 承载比CBR(%) | ≥60 | | |
| 含水率(%) | 最佳含水率+3,-1 | 1次/每作业段 | 烘干法 |

天然砂砾垫层质量要求　　表4-5

| 检查项目 | | 质量要求 | | 检查规定 | |
|---|---|---|---|---|---|
| | | 要求值或容许误差 | 外观要求 | 频率 | 方法 |
| 压实度(%) | 代表值 | 96 | 满足技术规范要求 | 2处/(200m·车道) | 灌砂法 |
| | 极值 | 94 | | | |
| 平整度(mm) | | 12 | 平整、无起伏 | 2处/200m,每处10尺 | 3m直尺测量 |
| 纵断面高程(mm) | | +5,-20 | 平整顺适 | 4断面/200m | 每断面3~5点,水准仪测量 |
| 厚度(mm) | 代表值 | -10 | 均匀一致 | 1处/(200m·车道) | 每处2点,路中及边缘挖坑检查 |
| | 合格值 | -25 | | | |
| 宽度(mm) | | 不小于设计值 | 边缘顺直 | 4处/200m | 皮尺丈量 |

续上表

| 检查项目 | 质量要求 | | 检查规定 | |
|---|---|---|---|---|
| | 要求值或容许误差 | 外观要求 | 频　　率 | 方　　法 |
| 横坡度(%) | ±0.3 | — | 4 断面/200m | 水准仪测量 |
| 弯沉值(0.01mm) | 实测 | — | 1 处/20m | 按现行《公路路基路面现场测试规程》(JTG E60—2008)进行 |
| 外观均匀性 | 混合料满足表 4-4“矿料级配”检查项目 | 表面平整密实,边线整齐,无松散,无明显离析 | — | — |

注:检测频率除注明之外,系指单幅双车道。

# 5 底基层

## 5.1 原材料要求

(1)在满足实际工程技术要求的前提下,应优先选用技术可靠、经济合理的当地材料。

(2)高等级公路的底基层使用的粉煤灰,通过率指标不满足要求时,应进行混合料强度试验,达到相关标准要求的强度指标时,方可使用。

(3)水泥稳定材料用于高等级公路底基层时,被稳定材料的公称最大粒径应不大于31.5mm。

(4)石灰粉煤灰稳定材料与水泥粉煤灰稳定材料用于高等级公路底基层时,各档被稳定材料总质量宜不小于80%。

(5)其他原材料要求按本分册第6章“基层”和《公路路面基层施工技术细则》(JTG/T F20—2015)中有关规定执行。

## 5.2 施工技术要求

(1)高等级公路底基层拌和工艺应采用集中厂拌法,不推荐底基层混合料人工拌和。

(2)其他相关技术要求按本分册第6章“基层”和《公路路面基层施工技术细则》(JTG/T F20—2015)中有关规定执行。

# 6　基层

## 6.1　原材料要求

1)一般规定

(1)在原材料试验评定中,应随机选取具有足够数量的样本进行材料试验。

(2)再生材料可用于低于原路结构层位或原路等级的公路建设,其技术指标应满足相关标准要求。

(3)工业废弃物作为筑路材料使用前应进行环境评价,并满足国家相关规定。

2)水泥及添加剂

(1)强度等级为32.5或42.5,且满足相关标准要求的普通硅酸盐水泥等均可使用。

(2)所用水泥初凝时间应大于3h,终凝时间应大于6h且小于10h。

(3)首次使用或存放3个月以上再次使用前,应检验水泥的强度等级和凝结时间。

(4)在水泥稳定材料中掺加缓凝剂或早强剂时,应对混合料进行试验验证。缓凝剂和早强剂的技术要求应符合现行《公路水泥混凝土路面施工技术细则》(JTG/T F30—2014)的规定。

3)石灰

(1)石灰技术要求应符合《公路路面基层施工技术细则》(JTG/T F20—2015)表3.3.1-1和表3.3.1-2的规定。高等级公路用石灰应不低于II级技术要求。

(2)高等级公路的基层,宜采用磨细消石灰,石灰等级不应低于Ⅱ级。

(3)高等级公路基层施工时,宜缩短石灰的存放时间,否则应采取覆盖封存措施。

4)粉煤灰等工业废渣

(1)干排或湿排的硅铝粉煤灰和高钙粉煤灰等均可用作基层或底基层的结合料。粉煤灰技术要求应符合《公路路面基层施工技术细则》(JTG/T F20—2015)表3.4.1的规定。宜优先选用磨细粉煤灰。

(2)煤矸石、煤渣、高炉矿渣、钢渣及其他冶金矿渣等工业废渣可用于修筑基层或底基层,使用前应崩解稳定,且宜通过不同龄期条件下的强度和模量试验以及温度收缩和干湿收缩试验等评价混合料性能。

(3)水泥稳定煤矸石不宜用于高等级公路。

(4)工业废渣类作为集料使用时,公称最大粒径应不大于31.5mm,颗粒组成宜有一定级配,且不宜含杂质。

5)水

(1)符合现行《生活饮用水卫生标准》(GB 5749—2006)的饮用水可直接作为基层、底基层材料拌和与养生用水。

(2)拌和使用的非饮用水应进行水质检验,其技术要求应符合《公路路面基层施工技术细则》(JTG/T F20—2015)表3.5.2的规定。

(3)养生用水可不检验不溶物含量,其他指标应符合上款的规定。

6)粗集料

(1)用作被稳定材料的粗集料宜采用各种硬质岩石或砾石加工成的碎石,也可直接采用天然砾石。

(2)应根据实际工程需求,选择适当的碎石加工工艺,用于破碎的原石粒径应为破碎后碎石公称最大粒径的3倍以上。高等级公路基层用碎石,应采用反击破碎的加工工艺。

(3)用作被稳定材料的粗集料应符合《公路路面基层施工技术细则》(JTG/T F20—2015)表3.6.1中Ⅰ类规定，用作级配碎石的粗集料应符合Ⅱ类的规定。

(4)基层、底基层的粗集料规格要求宜符合《公路路面基层施工技术细则》(JTG/T F20—2015)表3.6.2的规定。

(5)碎石加工中，根据筛网放置的倾斜角度和工程经验，应选择合理的筛孔尺寸。粒径尺寸与筛孔尺寸对应关系宜符合表6-1的规定。

**粒径尺寸与筛孔尺寸对应表** 表6-1

| 粒径尺寸(mm) | 4.75 | 9.5 | 13.2 | 16 | 19 | 26.5 | 31.5 | 37.5 |
|---|---|---|---|---|---|---|---|---|
| 筛孔尺寸(mm) | 5.5 | 11 | 15 | 18 | 22 | 31 | 36 | 43 |

(6)根据破碎方式和石质的不同，可对表6-1的筛孔尺寸进行适当调整，调整范围宜为1~2mm。

(7)作为高等级公路底基层被稳定材料的天然砾石材料宜符合《公路路面基层施工技术细则》(JTG/T F20—2015)表3.6.1的规定，并应级配稳定、塑性指数不大于9。

(8)高等级公路极重、特重交通荷载等级基层的4.75mm以上粗集料应采用单一粒径的规格料。

(9)用作级配碎石或砾石的粗集料应采用具有一定级配的硬质石料，且不应含有黏土块、有机质等。

(10)级配碎石或砾石用做基层时，高等级公路公称最大粒径应不大于26.5mm；用作底基层时，公称最大粒径应不大于37.5mm。

7)细集料

(1)细集料应洁净、干燥、无风化、无杂质，并有适当的颗粒级配。

(2)高等级公路用细集料技术要求应符合《公路路面基层施工技术细则》(JTG/T F20—2015)表3.7.2的规定。

(3)细集料规格要求应符合《公路路面基层施工技术细则》(JTG/T F20—2015)表3.7.3的规定。

(4)对0~3mm和0~5mm的细集料应分别严格控制大于2.36mm和4.75mm的颗粒含量。对3~5mm的细集料应严格控制小于2.36mm的颗粒含量。

(5)高等级公路，细集料中小于0.075mm的颗粒含量应不大于15%，细集料生产过程中宜增设除尘设备。

(6)级配碎石或砾石中的细集料可使用细筛余料，或专门轧制的细碎石集料。

(7)天然砾石或粗砂作为细集料时，其颗粒尺寸应满足工程需要，且级配稳定，超尺寸颗粒含量超过规范或实际工程规定时应筛除。

8)材料分档与掺配

(1)材料分档应符合《公路路面基层施工技术细则》(JTG/T F20—2015)表3.8.1的规定。

(2)对于高等级公路，在特重、极重交通条件下，宜采用与沥青中下面层相同规格和品质的集料。

(3)公称最大粒径为19mm、26.5mm和31.5mm的无机结合料稳定碎石或砾石的备料规格宜符合《公路路面基层施工技术细则》(JTG/T F20—2015)表3.8.2的规定。

(4)用于高等级公路基层和底基层的级配碎石或砾石，应由不少于4种规格的材料掺配而成。

(5)天然材料用于高等级公路的基层时，应筛分成《公路路面基层施工技术细则》(JTG/T F20—2015)表3.6.2中规定的规格，并按照规定的备料规格进行掺配。天然材料的规格不满足设计级配的要求时，可掺配一定比例的碎石或轧碎砾石。

(6)级配碎石或砾石类材料中宜掺加石屑、粗砂等材料。

(7)级配碎石或砾石细集料的塑性指数应不大于12。不满足要求时，可加石灰、无塑性的砂或石屑掺配处理。

## 6.2　混合料组成设计

1)一般规定

(1)混合料组成设计应按设计要求,选择技术经济合理的混合料类型和配合比。

(2)应根据公路等级、交通荷载等级、结构形式、材料类型等因素确定材料技术要求。

(3)无机结合料稳定材料组成设计应包括原材料检验、混合料的目标配合比设计、混合料的生产配合比设计和施工参数确定四部分。无机结合料稳定材料组成设计流程如图6-1所示。

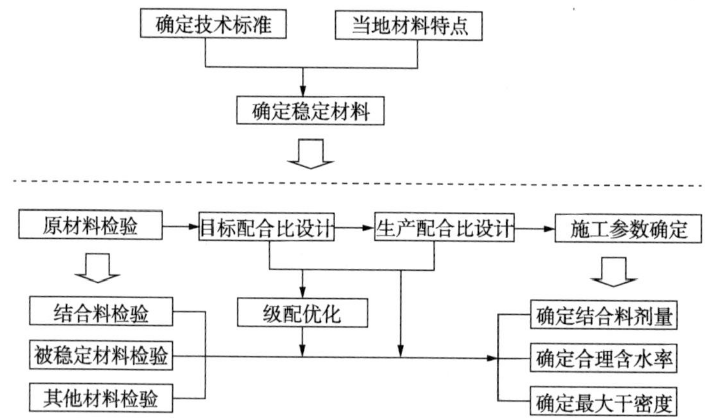


图6-1　无机结合料稳定材料设计流程

(4)原材料检验应包括结合料、被稳定材料以及其他相关材料的试验。所有检测指标均应满足相关设计标准或技术文件的要求。

(5)目标配合比设计应包括下列技术内容。

①选择级配范围。

②确定结合料类型及掺配比例。

③验证混合料相关的设计及施工技术指标。

(6)生产配合比设计应包括下列技术内容。

①确定料仓供料比例。

②确定水泥稳定材料的容许延迟时间。

③确定结合料剂量的标定曲线。

④确定混合料的最佳含水率、最大干密度。

(7)施工参数确定应包括下列技术内容。

①确定施工中结合料的剂量。

②确定施工合理含水率及最大干密度。

③验证混合料强度技术指标。

(8)确定无机结合料稳定材料最大干密度指标时宜采用重型击实方法,也可采用振动压实方法。振动压实方法应遵循压实功等效的原则,并按现行《公路工程无机结合料稳定材料试验规程》(JTG E51—2009)中T 0842规定的试验方法操作。

(9)应根据当地材料的特点和混合料设计要求,通过配合比设计选择最优的工程级配。

(10)用于基层的无机结合料稳定材料,强度满足要求时,尚宜检验其抗冲刷和抗裂性能。

(11)在施工过程中,材料品质或规格发生变化、结合料品种发生变化时,应重新进行材料组成设计。

2)强度要求

(1)无机结合料稳定材料应满足标准规定的强度要求。

(2)应采用7d龄期无侧限抗压强度作为无机结合料稳定材料施工质量控制的主要指标。

(3)高等级公路应验证所用材料的7d龄期无侧限抗压强度与90d或180d龄期弯拉强度的关系,以保证满足设计要求。

(4)高等级公路水泥稳定材料的7d龄期无侧限抗压强度标准$R_d$应符合表6-2的规定。公路等级高或交通荷载等级高或结构安全性要求高时,推荐取上限强度标准。

**水泥稳定材料7d龄期无侧限抗压强度标准$R_d$(代表值)(MPa)** 表6-2

| 结构层 | 特重交通 | 重交通 | 中、轻交通 |
|---|---|---|---|
| 基层 | 5.0~7.0 | 4.0~6.0 | 3.0~5.0 |
| 底基层 | 3.0~5.0 | 2.5~4.5 | 2.0~4.0 |

(5)碾压贫混凝土应符合下列规定。

①7d龄期无侧限抗压强度应不低于7MPa,且宜不高于10MPa。

②水泥剂量宜不大于13%。

③需要提高材料强度时,应优化混合料级配,并验证混合料收缩性能、弯拉强度和模量等指标。

(6)高等级公路石灰粉煤灰稳定材料的7d龄期无侧限抗压强度标准$R_d$应符合表6-3的规定,其他工业废渣稳定材料宜参照此标准。

**石灰粉煤灰稳定材料的7d龄期无侧限抗压强度标准$R_d$(代表值)(MPa)** 表6-3

| 结构层 | 特重交通 | 重交通 | 中、轻交通 |
|---|---|---|---|
| 基层 | ≥1.1 | ≥1.0 | ≥0.9 |
| 底基层 | ≥0.8 | ≥0.7 | ≥0.6 |

(7)当石灰粉煤灰稳定材料强度不满足表6-3要求时,可外加混合料质量重1%~2%的水泥。

(8)高等级公路水泥粉煤灰稳定材料的7d龄期无侧限抗压强度标准$R_d$应符合表6-4的规定。

**水泥粉煤灰稳定材料的7d龄期无侧限抗压强度标准$R_d$(代表值)(MPa)** 表6-4

| 结构层 | 特重交通 | 重交通 | 中、轻交通 |
|---|---|---|---|
| 基层 | 4.0~5.0 | 3.5~4.5 | 3.0~4.0 |
| 底基层 | 2.5~3.5 | 2.0~3.0 | 1.5~2.5 |

(9)高等级公路石灰稳定材料的7d龄期无侧限抗压强度标准$R_d$应符合表6-5的规定。

**石灰稳定材料的7d龄期无侧限抗压强度标准$R_d$(代表值)(MPa)** 表6-5

| 层 位 | 基 层 | 底 基 层 |
|---|---|---|
| 无侧限抗压强度标准 | — | ≥0.8 |

(10)如石灰土材料的强度达不到表6-5规定的抗压强度标准时,可添加部分水泥,或改用另一种土。塑性指数过小的土,不宜用石灰稳定,宜改用水泥稳定。

(11)石灰稳定砾石土或碎石土材料可仅对其中公称最大粒径小于4.75mm的石灰土进行7d龄期无侧限抗压强度验证,且无侧限抗压强度应不小于0.8MPa。

(12)根据表6-2~表6-5强度要求,在实际工程中应根据具体的交通荷载等级、公路等级、结构层位以及结构安全等因素,选择具体适宜的强度标准。

(13)水泥稳定类材料强度要求较高时,宜采取控制原材料技术指标和优化级配设计等措施,不宜单纯通过增加水泥剂量来提高材料强度。

(14)应加强施工过程中的养生管理及交通管制,有效控制或减少高强度时基层开裂。

3)强度试验及计算

(1)强度试验时,应按照现场压实度标准采用静压法成型试件。

(2)强度试验试件的径高比应为 1∶1。无机结合料稳定细粒材料的试件直径应为 100mm,无机结合料稳定中、粗粒材料的试件直径应为 150mm。

(3)强度试验时,平行试验的最少试件数量应符合《公路路面基层施工技术细则》(JTG/T F20—2015)表 4.3.3 的规定。当试验结果的变异系数大于表中规定值时,应重做试验或增加试件数量。

(4)试件应在规定温度下保湿养生 6d,浸水 24h 后,按现行《公路工程无机结合料稳定材料试验规程》(JTG E51—2009)T 0805 进行无侧限抗压强度试验。

(5)根据试验结果,应按式(6-1)计算强度代表值 $R_d^0$。

$$R_d^0 = \bar{R} \cdot (1 - Z_\alpha C_v) \tag{6-1}$$

式中:$Z_\alpha$——标准正态分布表中随保证率或置信度 $\alpha$ 而变的系数,高等级公路应取保证率 95%,即 $Z_\alpha = 1.645$;其他等级公路应取保证率 90%,即 $Z_\alpha = 1.282$。

$\bar{R}$——一组试验的强度平均值;

$C_v$——一组试验的强度变异系数。

(6)强度数据处理时,宜按 3 倍标准差的标准剔除异常数值,且同一组试验样本异常值剔除应不多于 2 个。

(7)强度代表值 $R_d^0$ 应不小于强度标准值 $R_d$,即 $R_d^0 \geq R_d$。当 $R_d^0 < R_d$ 时,应重新进行配合比试验。

4)无机结合料的计算和比例

(1)水泥稳定材料的水泥剂量应以水泥质量占全部干燥被稳定材料质量的百分率表示。

(2)石灰稳定材料的石灰剂量应以石灰质量占全部干燥被稳定材料质量的百分率表示。

(3)石灰工业废渣混合料应采用质量配合比计算,以石灰∶工业废渣∶被稳定材料的质量比表示。

(4)石灰粉煤灰稳定材料和石灰煤渣稳定材料比例可采用《公路路面基层施工技术细则》(JTG/T F20—2015)表 4.4.4 中的推荐值。

(5)水泥粉煤灰稳定材料应采用质量配合比计算,以水泥∶粉煤灰∶被稳定材料的质量比表示。

(6)水泥粉煤灰稳定材料和水泥煤渣稳定材料比例可采用《公路路面基层施工技术细则》(JTG/T F20—2015)表 4.4.6 中的推荐值。

(7)水泥、石灰综合稳定时,水泥用量占结合料总量不小于 30%时,应按水泥稳定材料的技术要求进行组成设计,水泥和石灰的比例宜取 60∶40、50∶50 或 40∶60。水泥用量占结合料总量小于 30%时,应按石灰稳定材料设计。

5)混合料推荐级配及技术要求

(1)采用水泥稳定时,被稳定材料的液限应不大于 40%,塑性指数应不大于 17。塑性指数大于 17 时,宜采用石灰稳定或用水泥和石灰综合稳定。

(2)采用水泥稳定,被稳定材料中含有一定量的碎石或砾石,且小于 0.6mm 的颗粒含量在 30%以下时,塑性指数可大于 17,且土的均匀系数应大于 5。其级配可采用《公路路面基层施工技术细则》(JTG/T F20—2015)表 4.5.2 中推荐的级配范围,用于高等级公路的底基层时,被稳定材料的公称最大粒径应不大于 31.5mm,级配宜符合 C-A-1 或 C-A-2 的规定,被稳定材料中不宜含有黏性土或粉性土。

(3)采用水泥稳定,被稳定材料为粒径均匀的砂时,宜在砂中添加适量塑性指数小于 10 的黏性土、石灰土或粉煤灰,加入比例应通过击实试验确定。添加粉煤灰的比例宜为 20%~40%。

(4)水泥稳定级配碎石或砾石的级配可采用《公路路面基层施工技术细则》(JTG/T F20—2015)表 4.5.4中推荐的级配范围,并宜符合下列规定。

①用于高等级公路时,级配宜符合《公路路面基层施工技术细则》(JTG/T F20—2015)表 4.5.4 中的 C-B-1、C-B-2 的规定。混合料密实时也可采用 C-B-3 级配。C-B-1 级配宜用于基层和底基层,C-B-2 级配宜用于基层。

②被稳定材料的液限宜不大于28。

③用于高等级公路时,被稳定材料的塑性指数宜不大于5。

(5)碾压贫混凝土的级配宜采用《公路路面基层施工技术细则》(JTG/T F20—2015)表4.5.4中推荐的C-B-1和C-B-2级配。

(6)石灰粉煤灰稳定材料可采用《公路路面基层施工技术细则》(JTG/T F20—2015)表4.5.6中推荐的级配范围,并应符合下列规定。

①用于高等级公路基层时,石灰粉煤灰总质量宜占15%,应不大于20%,被稳定材料公称最大粒径应不大于26.5mm,级配宜符合《公路路面基层施工技术细则》(JTG/T F20—2015)表4.5.6中LF-A-2L和LF-A-2S的规定。

②用于高等级公路底基层时,各档被稳定材料总质量宜不小于80%,级配宜符合《公路路面基层施工技术细则》(JTG/T F20—2015)表4.5.6中LF-A-1L和LF-A-1S的规定。对极重、特重交通荷载等级,级配宜符合LF-A-2L和LF-A-2S的规定。

(7)水泥粉煤灰稳定材料可采用《公路路面基层施工技术细则》(JTG/T F20—2015)表4.5.7中推荐的级配范围,并应符合下列规定。

①用于高等级公路基层时,水泥粉煤灰总质量宜为12%,应不大于18%,各档被稳定材料总质量宜不小于85%,其公称最大粒径应不大于26.5mm,级配宜符合《公路路面基层施工技术细则》(JTG/T F20—2015)表4.5.7中CF-A-2L和CF-A-2S的规定。

②用于高等级公路底基层时,各档被稳定材料总质量宜不小于80%,级配宜符合《公路路面基层施工技术细则》(JTG/T F20—2015)表4.5.7中CF-A-1L和CF-A-1S的规定。对极重、特重交通荷载等级,级配宜符合CF-A-2L和CF-A-2S的规定。

(8)级配碎石或砾石的级配范围宜符合《公路路面基层施工技术细则》(JTG/T F20—2015)表4.5.8规定。

①用于高等级公路基层时,级配宜符合级配G-A-4或G-A-5的规定。

②用于高等级公路底基层时,级配宜符合级配G-A-3或G-A-4的规定。

(9)用于底基层的天然砾石、砾石土宜采用《公路路面基层施工技术细则》(JTG/T F20—2015)表4.5.10中推荐的级配范围。

(10)级配碎石或砾石、未筛分碎石、天然砾石和砾石土等材料应符合下列规定。

①液限宜不大于28%。

②在潮湿多雨地区塑性指数宜小于6,其他地区宜小于9。

6)无机结合料稳定材料目标配合比设计技术要求

(1)应根据当地材料的特点,通过原材料性能的试验评定,选择适宜的结合料类型,确定混合料配合比设计的技术标准。

(2)在目标配合比设计中,应选择不少于5个结合料剂量,分别确定各剂量条件下混合料的最佳含水率和最大干密度。

(3)水泥稳定材料配合比试验推荐水泥试验剂量可采用《公路路面基层施工技术细则》(JTG/T F20—2015)表4.6.4中的推荐值。

(4)对水泥稳定材料,水泥的最小剂量要求应符合表6-6的规定,材料组成设计所得水泥剂量少于最小剂量时,应按表6-6采用最小剂量。

**水泥的最小剂量(%)** 表6-6

| 拌和方法 | 路拌法 | 集中厂拌法 |
|---|---|---|
| 中、粗粒材料 | 4 | 3 |
| 细粒材料 | 5 | 4 |

(5)应根据试验确定的最佳含水率、最大干密度及压实度要求成型标准试件,验证不同结合料剂量条件下混合料的技术性能,确定满足设计要求的最佳剂量。

(6)对石灰粉煤灰稳定材料和水泥粉煤灰稳定材料,宜按标准推荐比例进行试验,必要时可采用正交设计或均匀设计方法。

(7)对无机结合料稳定级配碎石或砾石材料,应根据当地材料特点和技术要求,优化设计混合料级配,确定目标级配曲线和合理的变化范围。

(8)在目标级配曲线优化选择过程中,应选择不少于4条级配曲线,试验级配曲线可按以往工程经验和《公路路面基层施工技术细则》(JTG/T F20—2015)推荐的级配范围或按其附录A的方法构造。

(9)在配合比设计试验中,应将各档石料筛分成单一粒径的规格逐档配料,并按相关的试验规程操作,保证每组试验的样本量。

(10)选定目标级配曲线后,应对各档材料进行筛分,并符合下列规定。

①应通过对原材料筛分,确定各档材料的平均筛分曲线及相应的变异系数。

②应按2倍标准差计算出各档材料筛分级配的波动范围。

(11)应按照下列步骤合成目标级配曲线并进行性能验证。

①按确定的目标级配,根据各档材料的平均筛分曲线,确定其使用比例,得到混合料的合成级配。

②根据合成级配进行混合料重型击实试验和7d龄期无侧限抗压强度试验,验证混合料性能。

(12)应根据已确定的各档材料使用比例和各档材料级配的波动范围,计算实际生产中混合料的级配波动范围;并应针对这个波动范围的上、下限验证性能。

7)无机结合料稳定材料生产配合比设计技术要求

(1)根据目标配合比确定的各档材料比例,应对拌和设备进行调试和标定,确定合理的生产参数。

(2)拌和设备的调试和标定应包括料斗称量精度的标定、结合料剂量的标定和拌和设备加水量的控制等内容,并应符合下列规定。

①绘制不少于5个点的结合料剂量标定曲线。

②按各档材料的比例关系,设定相应的称量装置,调整拌和设备各个料仓的进料速度。

③按设定好的施工参数进行第一阶段试生产,验证生产级配。不满足要求时,应进一步调整施工参数。

(3)对水泥稳定材料、水泥粉煤灰稳定材料,应分别进行不同成型时间条件下的混合料强度试验,绘制相应的延迟时间曲线,并根据设计要求确定容许延迟时间,以指导生产施工。

(4)应在第一阶段试生产试验的基础上进行第二阶段试验。分别按不同结合料剂量和含水率进行混合料试拌,并取样、试验。试验应符合下列规定。

①通过混合料中实际含水率的测定,确定施工过程中水流量计的设定范围。

②通过混合料中实际结合料剂量的测定,确定施工过程中结合料掺加的相关技术参数。

③通过击实试验,确定结合料剂量变化、含水率变化对混合料最大干密度的影响。

④通过抗压强度试验,确定材料的实际强度水平和拌和工艺的变异水平。

(5)混合料生产参数的确定应包括结合料剂量、含水率和最大干密度等指标,并应符合下列规定。

①对水泥稳定材料,工地实际采用的水泥剂量宜比室内试验确定的剂量多0.5~1.0个百分点。采用集中厂拌法施工时宜增加0.5个百分点;采用路拌法施工时宜增加1个百分点。

②以配合比设计的结果为依据,综合考虑施工过程的气候条件,对水泥稳定材料,含水率可增加0.5~1.5个百分点;对其他稳定材料,可增加1~2个百分点。

③最大干密度应以最终合成级配击实试验的结果为标准。

8)级配碎石配合比设计技术要求

(1)用于不同公路等级、交通荷载等级和结构层位的级配碎石,CBR强度标准应满足《公路路面基层施工技术细则》(JTG/T F20—2015)表 4.8.1 的要求。

(2)以实际工程使用的材料为对象,根据以往工程经验和标准推荐的级配范围或按其附录 A 的方法,选择 3~4 条试验级配曲线,通过配合比试验,优化级配。

(3)混合料配合比应采用重型击实或振动成型试验方法,确定最佳含水率和最大干密度。

(4)应按试验确定的级配和最佳含水率,以及现场施工的压实标准成型标准试件,进行 CBR 强度试验和模量试验。

(5)应选择 CBR 强度最高的级配作为工程使用的目标级配,并确定相应的最佳含水率。

(6)选定目标级配曲线后,应针对各档材料进行筛分,并应符合下列规定。

①应通过对原材料的筛分,确定各档材料的平均筛分曲线以及相应的变异系数。

②应按 2 倍标准差计算各档材料筛分级配的波动范围。

(7)应按下列步骤合成目标级配曲线并验证性能。

①按确定的目标级配,根据各档材料的平均筛分曲线,确定其使用比例,得到混合料的合成级配。

②根据合成级配进行混合料的 CBR 或模量试验,验证混合料性能。

(8)应根据已确定的各档材料使用比例和各档材料级配的波动范围,计算实际生产中混合料的级配波动范围;并应对这个波动范围的上、下限验证性能。

(9)应根据目标配合比确定的各档材料比例,对拌和设备进行调试和标定,确保生产出的混合料满足目标级配的要求。

(10)拌和设备的调试和标定应包括料斗称量精度的标定、设备加水量的控制等内容,并应符合下列规定。

①按各档材料的比例关系,设定相应的称量装置,调整拌和设备各个料仓的进料速度。

②按设定好的施工参数进行第一阶段试生产,验证生产级配。不满足要求时,应进一步调整施工参数。

(11)应在第一阶段试生产试验的基础上进行第二阶段试验。按不同含水率进行混合料试拌,并取样、试验。试验应符合下列规定。

①通过混合料中实际含水率的测定,确定施工过程中水流量计的设定范围。

②通过击实试验,确定含水率变化对混合料最大干密度的影响。

③通过 CBR 试验,确定材料的实际强度水平和拌和工艺的变异水平。

(12)混合料生产含水率应依据配合比设计结果确定,可根据施工因素和气候条件增加 0.5~1.5 个百分点。

## 6.3 混合料生产、摊铺及碾压

1)一般规定

(1)根据公路等级的不同,宜按《公路路面基层施工技术细则》(JTG/T F20—2015)表 5.1.1 选择基层、底基层材料施工工艺措施。对于边角部位施工,混合料拌和方式应与主线相同,可采用推土机摊铺,平地机整平的人工方式摊铺,并与主线同步碾压成型。

(2)稳定材料层宽 11 ~12m 时,每一流水作业段长度以 500m 为宜;稳定材料层宽大于 12m 时,作业段宜相应缩短。宜综合考虑下列因素,合理确定每日施工作业段长度:

①施工机械和运输车辆的生产效率和数量;

②施工人员数量及操作熟练程度;

③施工季节和气候条件;

④水泥的初凝时间和延迟时间;

⑤减少施工接缝的数量。

(2)对水泥稳定材料或水泥粉煤灰稳定材料,宜在2h之内完成碾压成型,应取混合料的初凝时间与容许延迟时间较短的时间作为施工控制时间。

(3)石灰稳定材料或石灰粉煤灰稳定材料层宜在当天碾压完成,最长不应超过4d。

(4)无机结合料稳定材料在过分潮湿路段上施工时应采取措施,降低潮湿程度,消除积水。

(5)无机结合料稳定材料结构层施工应选择适宜的气候环境,针对当地气候变化制订相应的处置预案,并应符合下列规定。

①宜在气温较高的季节组织施工。无机结合料稳定材料施工期的日最低气温应在5℃以上,在有冰冻的地区,应在第一次重冰冻到来的15~30d之前完成施工。

②宜避免在雨季施工,且不应在雨天施工。

(6)应将室内重型击实试验法确定的干密度作为压实度评价的标准密度。

(7)无机结合料稳定材料的基层压实标准应符合表6-7的规定。

**基层材料压实标准(%)**　　表6-7

| 公路等级 | 水泥稳定材料 | 石灰粉煤灰稳定材料 | 水泥粉煤灰稳定材料 | 石灰稳定材料 |
|---|---|---|---|---|
| 高等级公路 | 98 | 98 | 98 | — |

(8)无机结合料稳定材料的底基层压实标准应符合表6-8的规定。

**底基层材料压实标准(%)**　　表6-8

| 公路等级 | | 水泥稳定材料 | 石灰粉煤灰稳定材料 | 水泥粉煤灰稳定材料 | 石灰稳定材料 |
|---|---|---|---|---|---|
| 高等级公路 | 稳定中、粗粒材料 | 97 | 97 | 97 | 97 |
| | 稳定细粒材料 | 95 | 95 | 95 | 95 |

(9)对级配碎石材料,基层压实度应不小于99%,底基层压实度应不小于97%。

(10)高等级公路在极重、特种交通荷载等级下,基层和底基层的压实标准可提高1~2个百分点。

2)混合料集中厂拌与运输

(1)混合料的拌和能力与混合料摊铺能力应相匹配。

(2)拌和厂应安置在地势相对较高的位置,并做好排水设施。

(3)拌和厂场地应平整并具有足够的承载能力。高等级公路的拌和厂,场地应采用混凝土硬化,混凝土强度等级应不低于C15,厚度应不小于200mm。

(4)工程所需的原材料严禁混杂,应分档隔仓堆放,并有明显的标志。

(5)细集料、水泥、石灰、粉煤灰等原材料应有覆盖,对高等级公路,上述材料严禁露天堆放,应放置于专门搭建的防雨棚内或库房内。

(6)对高等级公路,应采用专用稳定材料拌和设备拌制混合料。稳定细粒材料集中拌和时,土块应粉碎,最大尺寸应不大于15mm。

(7)无机结合料稳定中、粗粒材料的拌和生产设备应满足下列要求。

①对高等级公路,混合料拌和设备的产量宜大于500t/h。

②拌和设备的料仓数目应与规定的备料档数相匹配,宜较规定的备料档数增加1个。

③各个料仓之间的挡板高度应不小于1m。

④高速公路的基层施工时,每个料斗与料仓下面应安装称量精度达到±0.5%的电子秤。

(8)装水泥的料仓应密闭、干燥,同时内部应装有破拱装置。对高速公路,水泥料仓应配备计重装置,不宜通过电机转速计量水泥的添加量。

(9)气温高于30℃时,水泥进入拌缸温度宜不高于50℃;高于50℃时应采取降温措施。气温低于15℃时,水泥进入拌缸温度应不低于10℃。

(10)加水量的计量应采用流量计的方式。对高等级公路,水的流量数值应在中央控制室的控制板面上显示。

(11)在正式拌制混合料之前,应先调试所用的设备,使混合料的级配组成和含水率都达到配合比设计的规定要求。原材料的颗粒组成发生变化时,应重新调试设备。

(12)在稳定中、粗粒材料生产过程中,应按配合比设计确定的材料规格及数量拌和。

(13)高速公路基层的混合料拌和时,宜采用两次拌和的生产工艺,也可采用间歇式拌和生产工艺,拌和时间应不少于15s。

(14)在拌和过程中,应实时监测各个料仓的生产计量,对高等级公路,应每10min打印各档料仓的使用量。某档材料的实际掺加量与设计要求值相差超过10%时,应立即停机检查原因,正常后方可继续生产。

(15)天气炎热或运距较远时,无机结合料稳定材料拌和时宜适当增加含水率。对稳定中、粗粒材料,混合料的含水率可高于最佳含水率0.5~1个百分点;对稳定细粒材料,含水率可高于最佳含水率1~2个百分点。

(16)对高等级公路,应从拌和厂取料,每隔2h测定一次含水率,每隔4h测定一次结合料的剂量,并做好记录。

(17)应根据工程量的大小和运距的长短,配备足够数量的混合料运输车。

(18)混合料运输车装料前应清理干净车厢,不得存有杂物。

(19)混合料运输车装好料后,应用篷布将厢体覆盖严密,直到摊铺机准备卸料时方可打开。

(20)对于高等级公路,水泥稳定材料从装车到运输至现场,时间宜不超过1h,超过2h时应作为废料处置。

(21)对无机结合料稳定中、粗粒材料,在装料过程中应采取措施减小混合料的离析。

3)摊铺机摊铺与碾压

(1)混合料摊铺应保证足够的厚度,碾压成型后每层的摊铺厚度宜不小于160mm,最大厚度宜不大于200mm。

(2)具有足够的摊铺能力和压实功率时,可增加碾压厚度,具体的摊铺厚度应根据试验结果确定。大厚度的摊铺施工时,应增加相应的拌和能力。

(3)应在下承层施工质量检测合格后,开始摊铺上面结构层。采用两层连续摊铺时,下层质量出现问题时,上层应同时处理。

(4)下承层是稳定细粒材料时,宜先将下承层顶面拉毛或采用凸块式压路机碾压,再摊铺上层混合料;下承层是稳定中、粗粒材料时,应先将下承层清理干净,并洒铺水泥净浆,再摊铺上层混合料。

(5)应采用摊铺功率不低于120kW的沥青混凝土摊铺机或稳定材料摊铺机摊铺混合料。

(6)采用2台摊铺机并排摊铺时,2台摊铺机的型号及磨损程度宜相同。在施工期间,2台摊铺机的前后间距宜不大于10m,且两个施工段面纵向应有300~400mm的重叠。

(7)对无法使用机械摊铺的超宽路段,应采用人工同步摊铺、修整,并同时碾压成型。

(8)摊铺机前宜增设橡胶挡板,橡胶挡板底部距下承层距离宜不大于100mm。

(9)在摊铺机后面应设专人消除粗细集料离析现象,及时铲除局部粗集料堆积或离析的部位,并用新拌混合料填补。

(10)对高等级公路,在摊铺过程中宜设立纵向模板。

(11)水泥稳定材料结构层施工时,应在混合料处于或略大于最佳含水率的状态下碾压。气候炎热干燥时,碾压时的含水率可比最佳含水率增加0.5~1.5个百分点。

(12)石灰稳定材料和石灰粉煤灰稳定材料碾压时应处于最佳含水率或略大于最佳含水率状态,含水率宜增加1~2个百分点。

(13)应根据施工情况配备足够的碾压设备,并应符合下列规定。

①双向四车道高等级公路的半幅摊铺时,应配备不少于4台重型压路机。

②双向六车道的半幅摊铺时,应配备不少于 5 台重型压路机。

(14)应安排专人负责指挥碾压,严禁漏压和产生轮迹。

(15)采用钢轮压路机初压时,宜采用双钢轮压路机稳压 2~3 遍,再用激振力大于 35t 的重型振动压路机、18~21t 三轮压路机或 25t 以上的轮胎压路机继续碾压密实,最后采用双钢轮压路机碾压,消除轮迹。

(16)采用胶轮压路机初压时,应采用 25t 以上的重胶轮压路机稳压 1~2 遍,错轮不超过 1/3 的轮迹带宽度,再采用重型振动压路机碾压密实,最后采用双钢轮压路机碾压,消除轮迹。

(17)对稳定细粒材料,在采用上述碾压工艺时,最后的碾压收面可采用凸块式压路机碾压。

(18)在碾压过程中发现软弹现象时,应及时将该路段混合料挖出,重新换填新料碾压。

(19)碾压成型后的表面应平整、无轮迹。

(20)碾压过程中,压路机严禁随意停放,应停放在已碾压完成的路段。

(21)混合料摊铺时,应保持连续。对水泥稳定材料,因故中断时间大于 2h 时,应设置横向接缝,并应符合下列规定。

①人工将末端含水率合适的混合料整齐,紧靠混合料末端放两根方木,方木的高度应与混合料的压实厚度相同;整平紧靠方木的混合料。

②方木的另一侧用砾石或碎石回填约 3m 长,其高度应高出方木 2~3cm,并碾压密实。

③在重新开始摊铺混合料之前,应将砾石或碎石和方木除去,并将下承层顶面清扫干净。

④摊铺机应返回到已压实层的末端,重新开始摊铺混合料。

⑤摊铺中断大于 2h 且末按上述方法处理横向接缝时,应将摊铺机附近及其下面未经压实的混合料铲除,并将已碾压密实且高程和平整度符合要求的末端挖成与路中心线垂直并垂直向下的断面,再摊铺新的混合料。

(22)摊铺时宜避免纵向接缝,分两幅摊铺时,纵向接缝处应加强碾压。存在纵向接缝时,纵缝应垂直相接,严禁斜接,并应符合下列规定。

①在前一幅摊铺时,宜在靠中央的一侧用方木或钢模板做支撑,方木或钢模板的高度应与稳定材料层的压实厚度相同。

②应在摊铺另一幅之前拆除支撑。

(23)碾压贫混凝土等强度较高的基层材料成型后可采用预切缝措施,应符合下列规定。

①预切缝的间距宜为 8~15m。

②宜在养生的 3~5d 内切缝。

③切缝深度宜为基层厚度的 1/2~1/3,切缝宽度约 5mm。

④切缝后应及时清理缝隙,并用热沥青填满。

4)人工摊铺与碾压

(1)混合料拌和均匀后,应立即用平地机初步整形。

(2)在初平的路段上,应用拖拉机、平地机或轮胎压路机快速碾压一遍。

(3)整形前,对局部低洼处应用齿耙将其表层 50mm 以上的材料耙松,并用新拌的混合料找平,再碾压一遍。

(4)应用平地机再整形一次,应将高处料直接刮出路外,严禁形成薄层贴补现象。

(5)反复整形,直至满足技术要求,每次整形都应达到规定的坡度和路拱。

(6)人工整形时,应用锹和耙先将混合料摊平,用路拱板整形。用拖拉机初压 1~2 遍后,应根据实测的松铺系数,确定纵横断面的高程,并设置标记和挂线。

(7)在整形过程中,严禁任何车辆通行,并应保持无明显的粗细集料离析现象。

(8)应根据路宽、压路机的轮宽和轮距的不同,制订碾压方案,使各部分碾压到的次数尽量相同,路面的两侧宜多压 2~3 遍。

(9)整形后,混合料的含水率满足要求时,应立即对结构层进行全宽碾压。在直线段和不设超高的平曲线段,宜从两侧路肩向路中心碾压,且轮迹应重叠1/2轮宽,后轮应超过两段的接缝处。碾压次数宜为6~8遍。

(10)压路机前两遍的碾压速度宜为1.5~1.7km/h,以后宜为2.0~2.5km/h。

(11)采用人工摊铺和整形的稳定材料层,宜先用拖拉机或6~8t两轮压路机或轮胎压路机碾压1~2遍,再用重型压路机碾压。

(12)严禁压路机在已完成的或正在碾压的路段上掉头或紧急制动。

(13)碾压过程中,无机结合料稳定材料的表面应始终保持湿润,水分蒸发过快时,宜及时补洒少量的水,严禁大量洒水。

(14)碾压过程中,有"弹簧"、松散、起皮等现象时,应及时翻开重新拌和或用其他方法处理。

(15)碾压应达到要求的压实度,并没有明显的轮迹。

(16)在碾压结束前,应用平地机终平一次,纵坡、路拱和超高应符合设计要求。终平时,应将局部高出部分刮除并扫出路外;对局部低洼之处,不再找补。

(17)级配碎石施工,应符合下列规定。

①用平地机按规定的路拱整平和整形。在整形过程中,应消除粗细集料离析。

②用拖拉机、平地机或轮胎压路机在已初平的路段上快速碾压一遍,再用平地机进行整平和整形。

(18)同日施工的两工作段的衔接处理应符合下列规定。

①前一段拌和整形后,留5~8m不碾压。

②后一段施工时,在前一段的未压部分再加部分水泥重新拌和,并与后一段一起碾压。

(19)应做好每天最后一段的施工缝,并应符合下列规定。

①在已碾压完成的无机结合料稳定材料层末端,挖一条横贯铺筑层全宽的宽约300mm的槽,直至下承层顶面。形成与路的中心线垂直并垂直向下的断面,并放两根与压实厚度等厚、长为全宽一半的方木紧贴其垂直面。

②用原挖出的材料回填槽内其余部分。

③第二天邻接作业段拌和后除去方木,用混合料回填。

④靠近方木未能拌和的一小段,应人工补充拌和。

⑤整平时,接缝处的稳定材料应较已完成断面高出约50mm。

⑥新混合料碾压过程中,应将接缝修整平顺。

(20)施工机械掉头处应符合下列规定。

①在准备用于掉头的8~10cm长的稳定材料层上,覆盖一张厚塑料布或油毡纸,再铺上约100mm厚的土、砂或砾石。

②整平时,宜用平地机将塑料布或油毡纸上大部分材料除去,再人工除去余下的材料,并收起塑料布或油毡纸。

(21)水泥稳定材料层的施工应避免纵向接缝。分两幅施工时,纵缝应垂直相接,并应符合下列规定。

①前一幅施工时,在靠中央一侧应用与稳定材料层的压实厚度相同的方木或钢模板作支撑。

②混合料拌和结束后,靠近支撑的部分,应人工补充拌和,再整形和碾压。

③应在铺筑后一幅之前拆除支撑。

④后一幅混合料拌和结束后,靠近前一幅的部分,宜人工补充拌和,再整形和碾压。

(22)级配碎石施工的接缝处理应符合下列规定。

①两作业段的衔接处应搭接拌和、整平和碾压。

②宜避免纵向接缝。在分两幅铺筑时,纵缝应搭接拌和、整平和碾压,搭接宽度宜不小于300mm。

## 6.4 养生、交通管制、层间处理及其他

1)一般规定

(1)无机结合料稳定材料层碾压完成并经压实度检查合格后,应及时养生。

(2)无机结合料稳定材料的养生期宜不少于7d,养生期宜延长至上层结构开始施工的前2d。

(3)养生可采取洒水养生、薄膜覆盖养生、土工布覆盖养生、铺设湿砂养生、草帘覆盖养生、洒铺乳化沥青养生等方式,宜结合工程实际情况选择适宜的方式。

(4)养生期间应封闭交通,除洒水车和小型通勤车辆外严禁其他车辆通行。

(5)无机结合稳定材料层过冬时应采取必要的保护措施。

(6)根据结构层位的不同和施工工序的要求,应择机进行层间处理。

2)养生方式

(1)洒水养生宜作为水泥稳定材料的基本养生方式,并应符合下列规定。

①每天洒水次数应视气候而定。高温期施工,宜上、下午各洒水2次。

②养生期间,稳定材料层表面应始终保持湿润。

③对于石灰稳定材料或石灰粉煤灰稳定材料层应注意表层情况,必要时,可用两轮压路机补充压实。

(2)薄膜覆盖养生方式应符合下列规定。

①混合料摊铺碾压成型后,可覆盖薄膜,薄膜厚度宜不小于1mm。

②薄膜之间应搭接完整,避免漏缝,薄膜覆盖后应用砂土等材料呈网格状堆填,局部薄膜破损时,应及时更换。

③养生至上层结构施工前1~2d,方可将薄膜掀开。

④对蒸发量较大的地区或养生时间大于15d的工程,在养生过程中应适当补水。

(3)土工布养生应符合下列规定。

①宜采用透水式土工布全断面覆盖,也可铺设防水土工布。

②铺设过程中应注意缝之间的搭接,不应留有间隙。

③铺设土工布后,应注意洒水,每天洒水次数应视气候而定。高温期施工,上、下午宜各洒水1次。

④养生至上层结构层施工前1~2d,方可将土工布掀开。

⑤在养生过程中应采取有效措施防止土工布破损。

(4)铺设湿砂养生应符合下列规定。

①砂层厚宜为70~100mm。

②砂铺匀后,宜立即洒水,并在整个养生期间保持砂的潮湿状态。不得用湿黏性土覆盖。

③养生结束后,应将覆盖物清除干净。

(5)草帘覆盖养生应符合下列规定。

①全断面铺设草帘。

②草帘铺设后应注意洒水,每天洒水的次数应视气候而定。高温期施工,上、下午宜各洒水1次,每次洒水应将草帘浸湿。

③必要时可采用土工布与草帘双层覆盖养生。

(6)对沥青面层厚度大于20cm的结构或二级及二级以下公路的无机结合料稳定材料的基层可采用洒铺乳化沥青方式养生,并应符合下列规定。

①表面干燥时,宜先喷洒少量水,再喷洒沥青乳液。

②采用稀释沥青时,宜待表面略干时再喷洒沥青。

③在用乳液养生前,应将基层清扫干净。

④沥青乳液的沥青用量宜采用0.8~1.0kg/m$^2$,分2次喷洒。

⑤第一次喷洒时,宜采用沥青含量约35%的慢裂沥青乳液,第二次宜喷洒浓度较大的沥青乳液。

⑥不能避免施工车辆通行时,应在乳液破乳后撒布粒径4.75~9.5mm的小碎石,做成下封层。

3)交通管制

(1)正式施工前宜建好施工便道。对高等级公路,无施工便道,不应施工。

(2)无机结合料稳定材料养生期间,小型车辆和洒水车的行驶速度应小于40km/h。

(3)无机结合料稳定材料养生7d后,施工需要重型货车通行时,应有专人指挥,按照规定的车道行驶,且车速不应大于30km/h。

(4)级配碎石、级配砾石基层未做透层沥青或铺设封层前,严禁开放交通。

(5)无法安排施工便道而需要车辆通行时,应符合下列规定。

①合理安排施工工序,保障7~15d的养生期。

②宜在硬路肩或临时停车带的位置划出专门的车道,专人指挥车辆运行。

③无机结合料稳定材料应适当提高早期强度。

④限定载重车辆的轴载,应不大于13t。

4)无机结合料稳定材料层之间的处理

(1)在上层结构施工前,应将下层养生用材料彻底清理干净。

(2)应采用人工、小型清扫车以及洒水冲刷的方式将下层表面的浮浆清理干净。下承层局部存在松散现象时,也应彻底清理干净。

(3)下承层清理后应封闭交通。在上层施工前1~2h,宜撒布水泥或洒铺水泥净浆。

(4)可采用上下结构层连续摊铺施工的方式,并应符合下列规定。

①应确保下层结构的施工质量。

②每层施工应配备独立的摊铺和碾压设备。

③不得采用一套设备在上下结构层来回施工。

(5)稳定细粒材料结构层施工时,根据土质情况,最后一道碾压工艺可采用凸块式压路机碾压。

5)无机结合料稳定材料基层与沥青面层之间的处理

(1)在沥青面层施工前1~2d内,应清理基层顶面。

(2)应彻底清除基层顶面养生期间的覆盖物。

(3)应采用人工清扫、小型清扫车、空压机以及洒水冲刷等方式将基层表面的浮浆清理干净,并应符合下列规定。

①基层表面应达到无浮尘、无松动状态。

②清理出小坑槽时,不得用原有基层材料找补。

③清理出较大范围松散时,应重新评定基层质量,必要时宜返工处理。

(4)在基层表面干燥的状态下,可洒铺透层油。透层油宜采用稀释沥青、煤沥青或乳化沥青,沥青洒铺量宜为0.3~0.6kg/m$^2$。

(5)透层油施工后严禁一切车辆通行,直至上层施工。

(6)下封层或黏层应在透层油挥发、破乳完成后施工,并封闭交通。

(7)对极重、特重交通荷载等级或较薄的沥青面层,基层顶面应采用热洒沥青的方式加强层间结合,并应符合下列规定。

①根据工程情况,热洒沥青可采用普通沥青、改性沥青或橡胶沥青。对高等级公路的极重、特重交通荷载等级,或沥青面层厚度小于150mm时,宜选择SBS改性沥青或橡胶沥青。

②普通沥青的洒铺量宜为1.8~2.2kg/m$^2$,SBS改性沥青宜为2.0~2.4kg/m$^2$,橡胶沥青宜为2.2~2.6kg/m$^2$。

③沥青洒铺时应均匀,避免漏洒。

④沥青洒铺时,纵向接缝应重叠2/3单一喷口的洒铺范围;横向接缝应齐整,不应重叠。

⑤撒布的碎石宜选择洁净、干燥、单一粒径的石灰岩石料，超粒径含量应不超过10%，粒径范围宜为13.2~19mm。

⑥碎石撒布前应通过拌和楼加热、除尘、筛分，碎石撒布到路面前的温度应不低于80℃。

⑦碎石撒布量宜为满铺面积的60%~70%，不得重叠。

⑧高等级公路，不宜采用同步碎石施工设备，应采用分离式的施工设备。

⑨沥青洒铺车的容量宜不少于10t，1台沥青洒铺车应配备2台碎石撒布车。

6）基层收缩裂缝的处理

基层在养生过程中出现裂缝，经过弯沉检测，结构层的承载能力满足设计要求时，可继续铺筑上面的沥青面层，也可采取下列措施处理裂缝：

（1）在裂缝位置灌缝；

（2）在裂缝位置铺设玻璃纤维格栅；

（3）洒铺热改性沥青。

## 6.5　填隙碎石施工技术要求

1）一般规定

（1）填隙碎石可采用干法或湿法施工。干旱缺水地区宜采用干法施工。

（2）单层填隙碎石的压实厚度宜为公称最大粒径的1.5~2.0倍。

2）材料技术要求

（1）填隙碎石用作基层时，骨料的公称最大粒径应不大于53mm；用作底基层时，骨料的公称最大粒径应不大于63mm。

（2）骨料可用具有一定强度的各种岩石或漂石轧制，宜采用石灰岩。采用漂石时，其粒径应大于骨料公称最大粒径的3倍。

（3）骨料也可以用稳定的矿渣轧制。矿渣的干密度和质量应均匀，且干密度应不小于960kg/$m^3$。

（4）用作基层时骨料的压碎值应不大于26%，用作底基层时应不大于30%。骨料中的针片状颗粒和软弱颗粒的含量应不大于15%。

（5）填隙碎石用骨料的颗粒组成应符合《公路路面基层施工技术细则》（JTG/T F20—2015）表7.2.5的规定。当采用1号骨料时，填隙料的公称最大粒径宜为9.5mm，2、3号骨料的填隙料可采用《公路路面基层施工技术细则》（JTG/T F20—2015）表7.2.6中的级配。

（6）填隙料宜采用石屑，缺乏石屑地区，可添加细砾砂或粗砂等细集料。

3）施工工法

（1）填隙碎石施工时，应符合下列规定。

①填隙料应干燥。

②宜采用振动压路机碾压，碾压后，填满骨料层内部的全部孔隙。碾压后，表面骨料间的空隙应填满，但表面应看得见骨料。填隙碎石层上为薄沥青面层时，宜使骨料的棱角外露3~5mm。

③碾压后基层的固体体积率宜不小于85%，底基层的固体体积率宜不小于83%。

④填隙碎石基层未洒透层沥青或未铺封层时，不得开放交通。

（2）填隙碎石施工流程如图6-2所示。

（3）填隙碎石施工前，应按《公路路面基层施工技术细则》（JTG/T F20—2015）5.3节中有关规定准备下承层和施工放样。

（4）应根据各路段基层或底基层的宽度、厚度及松铺系数，计算各段需要的骨料数量，并应根据运料车辆的车厢体积，计算每车料的堆放距离。填隙料的用量宜为骨料质量的30%~40%。

（5）材料装车时，应控制每车料的数量基本相等。

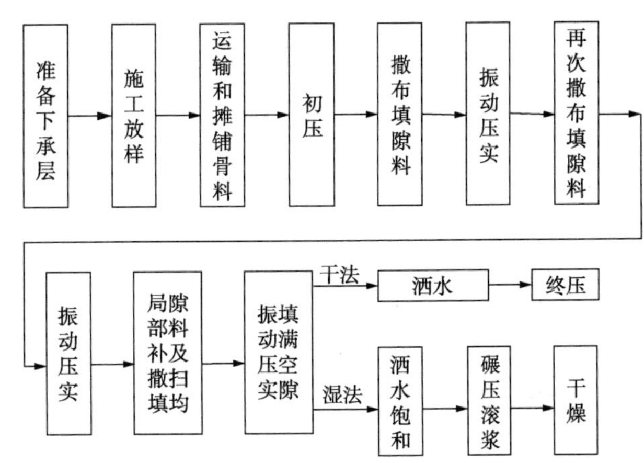


图 6-2 填隙碎石的施工流程

(6)应由远到近将骨料按计算的距离卸置于下承层上,应严格控制卸料距离。

(7)用平地机或其他合适的机具将骨料均匀地摊铺在预定的范围内,表面应平整,并有规定的路拱。应同时摊铺路肩用料。

(8)应检查松铺材料层的厚度,不满足要求时应减料或补料。

(9)填隙碎石的干法施工应符合下列规定。

①初压宜用两轮压路机碾压 3~4 遍,使骨料稳定就位。在直线段和不设超高的平曲线段上,碾压宜从两侧路肩开始,逐渐错轮向路中心进行;在设超高的平曲线段上,碾压宜从内侧路肩开始,逐渐错轮向外侧路肩进行。错轮时,每次宜重叠 1/3 轮宽。在第一遍碾压后,应再次找平。初压结束时,表面应平整,并具有要求的路拱和纵坡。

②填隙料应采用石屑撒布机或类似的设备均匀地撒铺在已压稳的骨料层上,松铺厚度宜为 25~30mm;必要时,应用人工或机械扫匀。

③应用振动压路机慢速碾压,将全部填隙料振入骨料间的空隙中。无振动压路机时,可采用重型振动板。路面两侧宜多压 2~3 遍。

④再次撒布填隙料,松铺厚度宜为 20~25mm,应用人工或机械扫匀。

⑤同第 3 款,再次振动碾压,局部多余的填隙料应扫除。

⑥碾压后,应对局部填隙料不足之处进行人工找补,并用振动压路机继续碾压,直到全部空隙被填满,应将局部多余的填隙料扫除。

⑦填隙碎石表面空隙全部填满后,宜再用重型压路机碾压 1~2 遍。在碾压过程中,不应有任何蠕动现象。在碾压之前,宜在表面洒少量水,洒水量宜不少于 $3kg/m^2$。

⑧需分层铺筑时,应将已压成的填隙碎石层表面骨料外露 5~10mm,然后在其上摊铺第二层骨料,并按第 1~7 款要求施工。

(10)填隙碎石湿法施工应按下列要求操作。

①开始工序应与上条第 1~7 款要求相同。

②骨料层表面空隙全部填满后,宜立即用洒水车洒水,直到饱和。

③宜用重型压路机跟在洒水车后碾压。应将湿填隙料及时扫入出现的空隙中;必要时,宜再添加新的填隙料。

④应洒水碾压至填隙料和水形成粉浆,粉浆应填塞全部空隙,并在压路机轮前形成微波纹状。

⑤碾压完成的路段应让水分蒸发一段时间,结构层变干后,应将表面多余的细料以及细料覆盖层扫除干净。

⑥需分层铺筑时,宜待结构层变干后,将已压成的填隙碎石层表面的填隙料扫除一些,使表面骨料外露 5~10mm,然后在其上摊铺第二层骨料。

## 6.6　密级配沥青碎石

参照本分册“7 热拌沥青混合料面层”相关要求。

## 6.7　施工质量标准与控制

1)一般规定

(1)基层、底基层施工的质量标准与控制应按本节要求执行。高速公路水泥稳定级配碎石的施工质量控制尚应符合《公路路面基层施工技术细则》(JTG/T F20—2015)附录 B 的相关规定。

(2)基层、底基层施工质量标准与控制应包括原材料检验、施工参数确定、施工过程中的质量检查验收等方面,并应符合下列规定。

①按本分册的相关要求进行备料,严把进料质量关。

②按施工需求合理布置建设场地,选择适宜的拌和、摊铺和碾压机械。

③将试验段确定的施工参数作为施工过程中质量控制的标准。

④健全工地试验室能力,试验、检验数据真实、完整、可靠。

⑤各个工序完结后,应检查验收;合格后,方可进行下一个工序。

(3)施工过程中发现质量缺陷时,应加大检测频率;必要时应停工整顿,查找原因。

(4)施工关键工序宜拍摄照片或录像,作为现场记录保存。

(5)施工结束后,应清理现场,处理废弃物,恢复耕地或绿化,做到工完场清。

(6)高等级公路,应在拌和场内或距离不超过 1km 的范围内设有功能完备的试验室。

(7)在施工过程中,应配备有相关试验资质的试验操作人员。每个工地试验室的试验操作人员宜不少于 8 人,同时应明确每个质量控制环节上的责任人。

2)材料检测

(1)在施工前以及在施工过程中,原材料或混合料发生变化时,应检验拟采用材料。

(2)用做底基层和基层的土,应按《公路路面基层施工技术细则》(JTG/T F20—2015)表 8.2.2 所列试验项目和要求检测评定。

(3)用做底基层和基层的碎石、砾石等粗集料,应按《公路路面基层施工技术细则》(JTG/T F20—2015)表 8.2.3 所列试验项目和要求检测评定。

(4)用做底基层和基层的细集料,应按《公路路面基层施工技术细则》(JTG/T F20—2015)表 8.2.4 所列试验项目和要求检测评定。

(5)用做底基层和基层的水泥,应按《公路路面基层施工技术细则》(JTG/T F20—2015)表 8.2.5 所列试验项目和要求检测评定。

(6)用做底基层和基层的粉煤灰,应按《公路路面基层施工技术细则》(JTG/T F20—2015)表 8.2.6 所列试验项目和要求检测评定。

(7)用做底基层和基层的石灰,应按《公路路面基层施工技术细则》(JTG/T F20—2015)表 8.2.7 所列试验项目和要求检测评定。

(8)初步确定使用的底基层和基层混合料,包括非整体性材料,应按《公路路面基层施工技术细则》(JTG/T F20—2015)表 8.2.9 所列试验项目和要求检测评定。

(9)高速公路的基层施工,各档粗集料的超粒径含量应不大于 15%,其中主粒径通过率的变异系数应不大于 10%。应根据至少连续 7d 在料堆不同位置取料的筛分结果确定其变异系数,样本量宜不少于 10 个。

3)铺筑试验段

(1)底基层和基层正式施工前,均应铺筑试验段。

(2)试验段应设置在生产路段上,长度宜为200~300m。

(3)试验段开工前,应符合下列规定。

①提交完整的目标配合比报告和生产配合比报告。

②正常施工时所配备的施工机械完全进场,且调试完毕。

③全部施工人员到位。

(4)在试验段施工期间,应及时检测下列技术项目。

①施工所用原材料全部技术指标。

②混合料拌和时结合料剂量,应不少于4个样本。

③混合料拌和时含水率,应不少于4个样本。

④混合料拌和时级配,应不少于4个样本。

⑤不同松铺系数条件下的实际压实厚度,宜设定2~3个松铺系数。

⑥不同碾压工艺下的混合料压实度,宜设定2~3种压实工艺,每种压实工艺的压实度检测样本应不少于4个。

⑦混合料压实后含水率,应不少于6个样本。

⑧混合料击实试验,测定干密度和含水率,应不少于3个样本。

⑨7d龄期无侧限抗压强度试件成型,样本量应符合要求。

(5)养生7d后,无机结合料稳定材料的试验段应及时检测下列技术项目。

①标准养生试件的7d龄期无侧限抗压强度。

②水泥稳定材料钻芯取样,评价芯样外观,取芯样本量应不少于9个。

③对完整芯样切割成标准试件,测定强度。

④按车道,每10m一点测定弯沉指标,并按标准规定计算回弹弯沉值。

⑤按车道,每50m一点测定承载比。

(6)对非整体性材料结构层,试验段铺筑完成后应及时进行承载板试验,按车道,每50m一点。

(7)试验段铺筑阶段应对下列关键工序、工艺进行评价。

①拌和设备各档集料的进料比例、速度及精度。

②结合料的进料比例和精度。

③含水率的控制精度。

④松铺系数合理值。

⑤拌和、运输、摊铺和碾压机械的协调和配合。

⑥压实机械的选择和组合,压实的顺序、速度和遍数。

⑦对人工摊铺碾压工艺,应确定适宜的整平和整形机具和方法。

(8)试验段施工后,应及时总结,总结报告应包括下列内容。

①试验段检测报告。

②试验段总体效果评价。

③施工关键参数的推荐值,包括配合比、含水率、松铺系数、碾压工艺等。

④确定每一作业段的合适长度。

(9)试验段不满足技术要求时,应重新铺设试验段。试验段各项指标合格后,方可正式施工。

4)施工过程检测

(1)施工过程中的质量控制应包括外形尺寸检查及内在质量检验两部分。

(2)外形尺寸检查项目、频度和质量标准应符合《公路路面基层施工技术细则》(JTG/T F20—2015)表8.4.2的规定。

(3)施工过程中的内在质量控制应分为原材料质量控制、拌和质量控制、摊铺及碾压质量控制等四部分。对于集中厂拌、摊铺机摊铺的施工工艺,应按后场与前场划分。

(4)后场质量控制的项目及内容应符合《公路路面基层施工技术细则》(JTG/T F20—2015)表8.4.4的规定，实际检测频率应不低于表中的要求，检测结果应满足行业标准或具体工程的技术要求。

(5)前场质量控制的项目及内容应符合《公路路面基层施工技术细则》(JTG/T F20—2015)表8.4.5的规定，实际检测频率应不低于表中的要求，检测结果应满足行业标准或具体工程的技术要求。

(6)应在现场碾压结束后及时检测压实度。压实度检测中，测定的含水率与规定含水率的绝对误差应不大于2%；不满足要求时，应分析原因并采取必要的措施。

(7)施工过程的压实度检测，应以每天现场取样的击实结果确定的最大干密度为标准。每天取样的击实试验应符合下列规定。

①击实试验应不少于3次平行试验，且相互之间的最大干密度差值应不大于0.02g/cm$^3$；否则，应重新试验，并取平均值作为当天压实度的检测标准。

②该数值与设计阶段确定的最大干密度差值大于0.02g/cm$^3$时，应分析原因，及时处理。

(8)压实度检测应采用整层灌砂试验方法，灌砂深度应与现场摊铺厚度一致。

(9)无机结合料稳定材料应钻取芯样检验其整体性，并应符合下列规定。

①无机结合料稳定细粒材料的芯样直径宜为100mm，无机结合料稳定中、粗粒材料的芯样直径应为150mm。

②采用随机取样方式，不得在现场人为挑选位置；否则，评价结果无效。

③芯样顶面、四周应均匀、致密。

④芯样的高度应不小于实际摊铺厚度的90%。

⑤取不出完整芯样时，应找出实际路段相应的范围，返工处理。

(10)无机结合料稳定材料应在下列规定的龄期内取芯。

①用于基层的水泥稳定中、粗粒材料，龄期7d。

②用于基层的水泥粉煤灰稳定的中、粗粒材料，龄期10~14d。

③用于底基层的水泥稳定材料、水泥粉煤灰稳定材料，龄期10~14d。

④用于基层的石灰粉煤灰稳定材料，龄期14~20d。

⑤用于底基层的石灰粉煤灰稳定材料，龄期20~28d。

(11)设计强度大于3MPa的水泥稳定材料的完整芯样应切割成标准试件，检测强度，并应符合下列规定。

①标准试件净高比1∶1。

②记录实际养生龄期。

③根据实际施工情况确定试件强度的评价标准。

④同一批次强度试验的变异系数应不大于15%。

⑤样本量宜不少于9个。

(12)对高等级公路的基层、底基层，应在养生7~10d内弯沉检测；不满足要求时，应返工处理。

(13)对高等级公路，7~10d龄期的水泥稳定碎石基层的代表弯沉值宜为：对极重、特重交通荷载等级，应不大于0.15mm；对重交通荷载等级，应不大于0.20mm；对中等交通荷载等级，应不大于0.25mm。

(14)施工过程的混合料质量检测，应在施工现场的摊铺机位置取样，且应分别来自不同的料车。

5)质量检查

(1)检查内容应包括工程完工后的外形和质量两方面，外形检查的要求应符合《公路路面基层施工技术细则》(JTG/T F20—2015)表8.4.2的规定。

(2)宜以1km长的路段为单位评定路面结构层质量；采用大流水作业法施工时，以每天完成的段落为评定单位。

(3)应检查施工原始记录，对检查内容初步评定。

(4)应随机抽样检查，不得带有任何主观性。压实度、厚度、水泥或石灰剂量检测样品和取芯等的现场随机取样位置的确定应按相关标准的要求执行。

(5)各项技术指标质量应符合《公路路面基层施工技术细则》(JTG/T F20—2015)表8.5.6的规定。

(6)厚度检查时,厚度平均值的下置信限$\overline{X}_L$应不小于设计厚度减去均值允许误差。厚度平均值的下置信限应按式(6-2)计算。

$$\overline{X}_L = \overline{X} - t_\alpha \frac{S}{\sqrt{n}} \tag{6-2}$$

式中:$\overline{X}$——厚度平均值;

$S$——厚度标准差;

$n$——样本数量;

$t_\alpha$——$t$分布表中随自由度和保证率(或置信度$\alpha$)而变的系数,对高等级公路应取保证率99%,对其他公路可取保证率95%。

(7)弯沉检测时,应考虑一定保证率的测量值上波动界限,并按式(6-3)计算。

$$l_r = \bar{l} + Z_\alpha S \tag{6-3}$$

式中:$l_r$——测量值的上波动界限(即代表弯沉值);

$\bar{l}$——标准车测得的弯沉平均值;

$Z_\alpha$——与要求保证率有关的系数,高等级公路可取$Z_\alpha = 2.0$,二级公路取$Z_\alpha = 1.645$,二级以下公路取$Z_\alpha = 1.5$。

(8)计算弯沉的平均值和标准差时,可将超出$\bar{l} \pm 3S$的弯沉异常值舍弃。舍弃后,计算的代表弯沉值应不大于相关技术要求。对舍弃的弯沉值过大点,应找出其周围界限,并局部处理。

(9)其他相关要求按《公路路面基层施工技术细则》(JTG/T F20—2015)执行。

# 7　热拌沥青混合料面层

## 7.1　一般规定

（1）热拌沥青混合料面层施工，应采用集中厂拌混合料、摊铺机摊铺、压路机碾压的施工工艺。沥青混合料所用集料必须专业化集中生产、集中供料。严格控制集料质量。

（2）热拌沥青混合料面层施工前，应对混合料进行配合比设计，配合比设计分目标配合比设计、生产配合比设计和生产配合比验证三个阶段。在施工过程中，不得随意变更经设计确定的标准配合比；当需要变更时必须经驻地监理签字审批。

（3）沥青面层集料的最大粒径宜从上至下逐渐增大，并应与压实层厚度相匹配。对热拌热铺密级配沥青混合料，沥青层一层的压实厚度不宜小于集料公称最大粒径的 2.5~3 倍，对 SMA 和 OGFC 等嵌挤型混合料不宜小于公称最大粒径的 2~2.5 倍，以减少离析，便于压实。

（4）沥青结构层推行"零污染施工"，杜绝交叉施工和运输等污染。为防止沥青路面施工期间交叉污染，在铺筑沥青混凝土面层之前，宜尽可能完成下列工程施工。

①土路肩缘石和中央分隔带缘石的安砌。

②通信管道敷设、中央分隔带填土以及人（手）孔施工。

③中央分隔带渗沟和超高路段的左缘带排水沟。

④土路肩施工。

（5）当同一拌和场需要两台拌和机时，如果使用相同品种的矿料和沥青，可使用同一目标配合比，但每台拌和机必须独立进行生产配合比设计。矿料和沥青产地、品种等发生变化，必须重新进行设计。

（6）混合料公称最大粒径应与层厚相适应，满足现行《公路沥青路面设计规范》（JTG D50—2006）的相关要求。

（7）各层沥青混合料应满足所在层位的性能要求，且便于施工，不宜离析。当各沥青层不能连续施工时，各沥青层之间必须洒布黏层油，各层施工间隔时间应尽量缩短，做到连续施工并黏结成为整体。

（8）在正式施工前，必须铺筑试验段，对施工工艺进行总结，试验段的质量检查频率应是正常路段的两倍。同时应确保连续 10km 段落内全部路基工程（包括桥涵、防护）和交通安全设施基础等全部完工，全线隔离栅、中央分隔带绿化回填土也应全部完成，确保沥青结构层连续施工。

（9）热拌沥青混合料的拌制及其摊铺施工必须符合国家环境和生态保护的规定。拌和机应设置粉尘回收装置，有效控制烟尘污染，严格控制机械施工噪声污染。施工材料运输车辆应采取有效措施，防止材料沿途泄漏，污染道路环境。

（10）沥青面层应在不低于 10℃ 气温下进行施工，同时严禁雨天、路面潮湿的情况下施工。施工期间，应注意天气变化，已摊铺的沥青层因遇雨未进行压实的应予以铲除。雨天过后，等下承层完全干燥后方可进行沥青面层的施工。

（11）施工过程中，施工原始记录应与施工工序同步，工程现场验收应与施工资料签认同步，对隐蔽工程应保留相关影像资料。

（12）在施工过程中对于《高速公路项目交工检测质量不符合项清单》和《高速公路项目竣工鉴定质量不符合项清单》所列工程内容，如横向力系数（SFC）、松散、泛油、车辙、离析、裂缝等，应重点控制，加强管理，进一步加强公路建设工程项目质量。

## 7.2 施工准备

(1)沥青混合料面层施工前的技术、机械、试验检测仪器、料场与材料及作业面等各项准备,应符合本分册第2章2.2~2.6节的相关规定。

(2)应对沥青混合料拌和机、摊铺机、压路机等各种施工机械和设备进行调试,对机械设备的配套情况、技术性能、计量设备等进行相关检查或经过当地计量认证部门标定。

(3)应准备施工过程中所需要的各种记录表格和现场温度、厚度检测设备,根据摊铺长度估算当日生产吨位,明确拌和场、施工现场、试验室责任联系人,实现拌和场与施工现场畅通联系、动态控制。

(4)铺筑沥青面层前,应检查基层或下卧沥青层的质量,不满足要求的不得铺筑沥青面层。下承层已被污染时,必须清洗或经铣刨处理后方可铺筑沥青混合料。

(5)提前恢复中线,中面层桥头处和下面层摊铺前,中分带、路肩外侧直线段宜每10m设一边桩,平曲线段宜每5m设一个边桩,中、上面层在中分带、路肩外边缘设置指示标志,应明显标记出施工桩号,用白灰画出各结构层的边缘线。

## 7.3 材料要求

### 7.3.1 道路石油沥青

(1)宜采用满足规范要求的A级道路石油沥青,根据项目所在地的气候特点及道路的功能性要求,内蒙古地区一般采用90号或110号沥青,质量应满足现行《公路沥青路面施工技术规范》(JTG F40—2004)的相关要求。

(2)沥青必须按品种、标号分开存放,桶装沥青应直立堆放,加盖苫布,避免雨水或加热管道蒸汽进入沥青中。沥青在储罐中的储存温度应控制在130~150℃(普通沥青偏低限,改性沥青偏高限)。暂不使用的沥青可在常温下长期储存。

### 7.3.2 改性沥青

(1)改性沥青可单独或采用复合高分子聚合物、天然沥青及其他改性材料生产。

(2)生产改性沥青的基质沥青应与改性剂有良好的配伍性。供货商在提供改性沥青的质量报告时应提供基质沥青的质量检验报告或沥青样品。

(3)改性沥青宜在固定式工厂或在现场设厂集中生产,也可在拌和场现场边生产边使用,改性沥青的加工温度不宜超过180℃。

(4)现场生产的改性沥青宜随配随用,若需短时间保存,在使用前必须搅拌均匀,确保不发生离析。改性沥青生产设备应设置采样口,以便随机采集样品,采集的试样应立即在现场灌模。

(5)工厂制作的成品改性沥青到达施工现场后,应存储在沥青罐中,沥青罐中必须设置搅拌设备,使用前改性沥青必须搅拌均匀。在施工过程中应定期取样检验产品质量,质量不符要求的改性沥青不得使用。

(6)中、上面层宜采用SBS改性沥青,质量要求应符合现行《公路沥青路面施工技术规范》(JTG F40—2004)的相关规定。

### 7.3.3 粗集料

(1)粗集料应采用石质坚硬、清洁、不含风化颗粒、近立方体颗粒的碎石,粒径大于2.36mm。一般采用反击式破碎机轧制的碎石,必要时采用冲击式或圆锥式破碎机整形;一级破碎可采用反击破,三级破碎时严禁采用反击破,以严格控制针片状颗粒含量。当具备条件时,粗集料应进行水洗。

(2)粗集料的岩性、规格和技术指标必须满足现行《公路沥青路面施工技术规范》(JTG F40—2004)的相关要求。粗集料宜采用石灰岩等碱性石料;当采用其他种类的粗集料时,如黏附性难以达到要求,可掺加消石灰、水泥或用饱和石灰水处理后使用;必要时可同时在沥青中掺加耐热、耐水、长期性能好的抗剥落剂。

(3)粗集料分为3档或3档以上规格,宜按《公路沥青路面施工技术规范》(JTG F40—2004)S系列集料规格生产和使用。

### 7.3.4 细集料

(1)细集料宜采用0~2.36mm的机制砂或石屑,应洁净、干燥、无风化、无杂质;如掺加天然砂,可采用河砂或海砂,通常宜采用粗、中砂。

(2)生产细集料必须采用干燥除尘设备(如布袋除尘器),机制砂宜采用专用的制砂设备单独生产,并选用优质的石料生产。

(3)细集料质量应满足现行《公路沥青路面施工技术规范》(JTG F40—2004)的相关质量技术要求。

### 7.3.5 填料

(1)填料一般采用矿粉,矿粉必须采用石灰岩或岩浆岩中的强基性岩石等憎水性石料经磨细得到,原石料中的泥土杂质应除净。矿粉应干燥、洁净,满足现行《公路沥青路面施工技术规范》(JTG F40—2004)的相关质量技术要求。

(2)沥青面层填料可采用水泥或消石灰替代部分矿粉。水泥质量应符合现行《通用硅酸盐水泥》(GB 175—2007)的规定,消石灰宜为Ⅲ级或Ⅲ级以上,质量应符合现行《公路路面基层施工技术细则》(JTG/T F20—2015)的规定。

### 7.3.6 其他原材料

1)纤维稳定剂

(1)SMA的纤维稳定剂宜采用木质素纤维,木质素纤维按沥青混合料总质量的0.3%~0.4%掺入混合料中。纤维应在250℃的干拌温度条件下不变质、不发脆,且必须达到环保要求,不危害身体健康。

(2)纤维应存放在室内或有盖棚的地方,松散纤维在运输及使用过程中应避免受潮、不结团。

(3)纤维稳定剂应在进场时提供质保证书,并由供应商联合施工、监理单位委托送检,木质素纤维应满足现行《公路沥青路面施工技术规范》(JTG F40—2004)的技术要求。

2)抗剥落剂

(1)抗剥落剂宜采用非胺类化合物,应选用有较强抗老化性能、与沥青配伍性能良好、符合环保要求的产品。抗剥落剂掺加量应通过试验确定。

(2)抗剥落剂质量可参考表7-1的规定。

**抗剥落剂质量要求**　　表7-1

| 指　标 | 单　位 | 质量要求 | 试验方法 |
| --- | --- | --- | --- |
| 密度 | $g/cm^3$ | 与沥青密度相当或接近 | T 0603 |
| pH值 | — | 宜大于7 | pH试纸或pH计测定 |
| 凝固点 | ℃ | 常温下,液态为宜,<0 | — |
| 黏附性 | 级 | 5 | T 0616、T 0663 |
| 残留稳定度 | % | ≥85 | T 0709 |
| 冻融劈裂 | % | ≥80 | T 0729 |
| 储存期 | 月 | ≤24 | — |

注:1.掺入沥青后(按沥青质量的0.4%加入)与上面层用粗集料的黏附性能提高到5级。

2.拌制的掺入抗剥落剂的沥青混合料在163℃老化5h后,进行残留稳定度、冻融劈裂试验,抗水损害性能应满足要求。

## 7.4 混合料配合比设计

### 7.4.1 混合料技术要求

(1)沥青面层所选定的各种类型沥青混合料均采用热拌热铺工艺。

(2)一般按现行《公路沥青路面施工技术规范》(JTG F40—2004)规定的方法进行热拌沥青混合料配合比设计。当采用 Superpave 方法时,混合料的设计体积指标应满足表 7-2 的要求,设计的沥青混合料应进行马歇尔试验检验,马歇尔试验结果应满足表 7-3 要求。当考虑沥青老化对沥青混合料性能的影响时,在试件制备前,可应将混合料在达到击实成型温度的烘箱中短期老化 2h。

**Superpave 混合料设计技术要求** 表 7-2

| 混合料类型 | 压实度(%) | | | VMA(%) | VFA(%) | 粉胶比(%) | AASHTO T 283(%) |
|---|---|---|---|---|---|---|---|
| | $N_{初始}$ | $N_{设计}$ | $N_{最大}$ | | | | |
| Superpave-20 | ≤89 | 96 | ≤98 | ≥13 | 65~75 | 0.6~1.2 | — |
| Superpave-25 | | | | ≥12 | | | ≥80 |

注:1.当级配在限制区下方通过时,粉胶比可取值 0.8~1.6。

2.初始压实次数 $N_{初始}$ 取 8,设计压实次数 $N_{设计}$ 取 100,最大压实次数 $N_{最大}$ 取 160。

**Superpave 混合料马歇尔检验技术要求** 表 7-3

| 混合料类型 | 空隙(%) | 稳定度(kN) | 流值(0.1mm) | VFA(%) | VMA(%) | 残留稳定度(%) |
|---|---|---|---|---|---|---|
| Superpave-20 | 4.0~6.0 | ≥8.0 | 20~50 | 60~70 | ≥13 | ≥85 |
| Superpave-25 | | | 20~40 | | ≥12 | |

注:1.改性沥青 Superpave-20 进行车辙试验和冻融劈裂试验检验,动稳定度应不小于 3 000 次/mm,冻融劈裂强度比应不小于 80%。

2.宜采用低温弯曲试验检验改性沥青 Superpave-20 混合料的低温性能,其最大破坏应变宜不小于 2 000$\mu\varepsilon$。

### 7.4.2 目标配合比设计

(1)AC、OGFC、SMA 热拌沥青混合料配合比设计由马歇尔试验设计和沥青混合料性能检验两部分组成。马歇尔设计方法,应满足现行《公路沥青路面施工技术规范》(JTG F40—2004)的要求。Superpave 热拌沥青混合料设计由旋转压实仪试验设计和混合料性能检验两部分组成,设计过程可参考附录 B。各结构层混合料配合比设计宜采用"骨架、嵌挤、密实"型结构,级配呈"S"形曲线。

(2)AC、OGFC、SMA 热拌沥青混合料的矿料级配应满足现行《公路沥青路面施工技术规范》(JTG F40—2004)规定的设计级配范围要求,Superpave 热拌沥青混合料矿料级配可参考表 7-4 控制点范围的规定。

**Superpave 混合料级配控制点和限制区界限**(质量通过率,%) 表 7-4

| 筛孔尺寸(mm) | Superpave-25 | | | | Superpave-20 | | | |
|---|---|---|---|---|---|---|---|---|
| | 控 制 点 | | 限 制 区 | | 控 制 点 | | 限 制 区 | |
| | 最小 | 最大 | 最小 | 最大 | 最小 | 最大 | 最小 | 最大 |
| 37.5 | | 100 | | | | | | |
| 25 | 90 | 100 | | | | 100 | | |
| 19.0 | | 90 | | | 90 | 100 | | |
| 12.5 | | | | | | 90 | | |
| 9.5 | | | | | | | | |
| 4.75 | | | 39.5 | 39.5 | | | | |

续上表

| 筛孔尺寸(mm) | Superpave-25 | | | | Superpave-20 | | | |
|---|---|---|---|---|---|---|---|---|
| | 控制点 | | 限制区 | | 控制点 | | 限制区 | |
| | 最小 | 最大 | 最小 | 最大 | 最小 | 最大 | 最小 | 最大 |
| 2.36 | 19 | 45 | 26.8 | 30.8 | 23 | 49 | 34.6 | 34.6 |
| 1.18 | | | 18.1 | 24.1 | | | 22.3 | 28.3 |
| 0.6 | | | 13.6 | 17.6 | | | 16.7 | 20.7 |
| 0.3 | | | 11.4 | 11.4 | | | 13.7 | 13.7 |
| 0.15 | | | | | | | | |
| 0.075 | 1 | 7 | | | 2 | 8 | | |

(3)各结构层在承包人拌和场备料量达到30%以上时,从拌和场取集料进行目标配合比设计,优选矿料级配、确定最佳沥青用量(或油石比),使沥青混合料技术性能满足配合比设计技术标准和检验要求,以此作为目标配合比,供生产配合比设计使用。

(4)根据确定的最佳沥青用量(或油石比)、设计级配,室内拌制沥青混合料,进行沥青混合料性能检验,所设计的沥青混合料须满足现行《公路沥青路面施工技术规范》(JTG F40—2004)的技术要求。其中高温稳定性检验采用车辙试验,动稳定度指标应按现行《内蒙古自治区公路工程质量控制标准 土建工程》(DB 15/T 441—2008)执行:普通沥青混合料≥1 200 次/mm,改性沥青混合料≥3 500 次/mm。

各类型沥青混合料性能检验内容如表7-5所示。

**各类型沥青混合料性能检验** 表7-5

| 性能检验项目 | 沥青混合料类型 | | | | | |
|---|---|---|---|---|---|---|
| | OGFC | AC 型中上面层 | AC 型下面层 | SMA 型中上面层 | Superpave 中面层 | Superpave 下面层 |
| 车辙试验 | ▲ | ▲ | × | ▲ | ▲ | × |
| 浸水马歇尔试验 | ▲ | ▲ | ▲ | ▲ | ▲ | ▲ |
| 冻融劈裂试验 | ▲ | ▲ | ▲ | ▲ | ▲ | ▲ |
| AASHTO T 283 试验 | × | × | × | × | ▲ | ▲ |
| 低温弯曲试验 | × | ▲ | × | × | ▲ | × |
| 渗水试验 | ▲ | ▲ | ▲ | ▲ | ▲ | ▲ |
| 活性和膨胀性试验 | ☆ | ☆ | ☆ | ☆ | ☆ | ☆ |
| 析漏损失 | ▲ | × | × | ▲ | × | × |
| 肯塔堡飞散损失或浸水飞散试验 | ▲ | × | × | ▲ | × | × |

注:表格内的符号表示的含义分别为:▲—必须检验;☆—选择性检验;×—不需检验。

(5)目标配合比设计报告应包括以下内容。

①总说明:包括工程概况、材料性能汇总表、合成级配一览表、马歇尔试验技术指标汇总表、最佳用油量的确定,以及其他说明等。

②附相关材料试验的数据与表格。

③附混合料试验过程的数据及表格,设计混合料性能检验结果。

④附中心试验室的配合比检验报告(包括旋转压实检验等)。

⑤目标配合比报告的审批。施工单位完成目标配合比报告后,应在规定期限内向监理工程师及项目业主提出正式报告,并经监理工程师及业主中心试验室复核,取得正式批复后,方可进行生产配合比设计,并作为生产配合比的设计依据。

### 7.4.3 生产配合比设计

生产配合比设计应确定的主要内容如下。

(1)确定热料仓的筛网尺寸。

间歇式拌和机热料筛分用的振动筛应根据混合料的规格选用。筛网的筛分能力(即每小时通过的集料量)与混合料级配、集料品种、类型、集料的洁净程度、筛孔尺寸、筛子的倾角和振荡力有关。筛网配备尺寸可按表7-6确定。

**间歇式拌和机用振动筛的等效筛孔**(方孔筛,mm) 表7-6

| 标准筛尺寸 | 2.36 | 4.75 | 9.5 | 13.2 | 16 | 19 | 26.5 | 31.5 | 37.5 | 53 |
|---|---|---|---|---|---|---|---|---|---|---|
| 振动筛尺寸 | 3~4 | 6 | 11 | 15 | 19 | 22 | 30 | 35 | 41 | 60 |

(2)确定混合料的拌和温度和拌和时间。

(3)原材料的复核与拌和机冷料流量确定。

①对进场的原材料进行原材料筛分试验复核工作,并与目标配合比设计所用原材料进行比较。

②对沥青拌和机冷料仓的送料速度与电机转速的关系应进行标定,并根据形成的关系曲线,选定相应的电机转速进行送料。

(4)确定各热料仓集料和矿粉的用量。

根据目标配合比设计确定的各冷料仓比例进行上料,然后从各热料仓放料取样分别进行热料筛分,通过计算,使合成矿质混合料的级配与目标配合比相接近(级配符合性要求参考表7-7),以确定各热料仓集料和矿粉的用料比例,供拌和机控制室使用。

**生产配合比合成级配符合性要求** 表7-7

| 筛孔尺寸(mm) | 合成级配与目标配合比级配差值(%) | 筛孔尺寸(mm) | 合成级配与目标配合比级配差值(%) |
|---|---|---|---|
| 0.075 | ±1 | ≥4.75 | ±2 |
| ≤2.36 | ±2 | | |

(5)确定最佳油石比(最佳沥青用量)。

①取目标配合比设计的最佳油石比OAC、OAC±0.3%三个油石比,根据计算的热料和矿粉的用量比例,用试验室小型拌和机拌制沥青混合料进行马歇尔试验,按目标配合比设计方法确定最佳油石比。

②生产配合比确定的最佳油石比与目标配合比确定的最佳油石比之差应不超过±0.2%,且生产配合比与目标配合比设计的空隙率之差应不超过±0.2%。如超出此规定,应分析原因,重新进行生产配合比设计。

(6)沥青混合料性能检验。

①按生产配合比用室内小型拌和机拌制沥青混合料制备试件,进行混合料性能(高温稳定性、低温抗裂性、水稳定性、渗水性等)检验。

②一般情况下,根据以上确定的集料配合比和油石比进行拌和机试拌,再次验证确定的生产配合比。

(7)检验沥青混合料拌和设备技术性能是否稳定可靠。

(8)每天进行热料筛分试验,当级配范围不满足表7-7要求时,经业主和监理批准后动态调整各档料的掺配比例以满足生产配合比设计级配范围。

(9)监理必须全程参与生产配合比试验过程;一般情况下,监理应独立复核施工单位的生产配合比报告。

### 7.4.4 生产配合比设计验证

(1)拌和机按照生产配合比进行试拌,试拌时,拌和机各项参数(矿料加热温度、沥青加热温度、冷料仓进料比例及进料速度)须按正常生产状态进行设置。

(2)试拌后的沥青混合料应进行马歇尔试验或旋转压实检验,并进行沥青含量、筛分试验,混合料级配与生产配合比之差应符合现行《公路沥青路面施工技术规范》(JTG F40—2004)的相关规定,并避免在0.3~0.6mm 处出现“驼峰”。

(3)对确定的标准配合比,经试拌后的沥青混合料各项技术指标检验合格后,方可铺筑试铺路段。否则,应分析原因改正后再次进行拌和机试拌,直至试拌沥青混合料满足相关技术要求。

(4)经设计确定的标准配合比在施工过程中不得随意变更。生产过程中应加强跟踪检测,严格控制进场材料的质量,如遇材料发生变化并经检测沥青混合料的矿料级配、马歇尔技术指标不满足要求时,应及时调整配合比,使沥青混合料的质量满足要求并保持相对稳定,必要时重新进行配合比设计。

## 7.5　试验段施工

(1)试验段铺筑前,必须做好相关前期准备工作,特别是目标配合比、生产配合比及机械设备调试等工作,应具备相应的施工条件,报建设单位或监理单位审批。

(2)铺筑前,施工单位、监理单位应进行技术交底工作。

(3)试验段应选在具有代表性的主线直线段,宜采用两种或两种以上的试铺碾压方案,每种方案长度不少于150m。

(4)试验段施工包括试拌和试铺两个阶段,需要确定以下内容。

①根据各种机械的施工能力相匹配的原则,确定适宜的施工机械,按生产能力决定机械数量与组合方式。

②通过试拌决定。

A.拌和机的控制参数:拌和数量、时间、温度及上料速度等;

B.验证沥青混合料的配合比设计和沥青混合料的技术性质,决定正式生产用的矿料配合比和油石比。

③通过试验段决定。

A.检验沥青混合料施工性能,评价是否利于摊铺和压实,要求混合料均匀不离析、不结块;

B.确定摊铺厚度和松铺系数;

C.摊铺机的操作方式——摊铺温度、摊铺速度、摊铺宽度、初步振捣夯实的方法和强度、自动找平方式等;

D.压实机具的选择、组合,压实顺序,碾压温度,碾压速度及遍数;

E.施工缝处理方法;

F.确定施工产量及每一作业段合适的作业长度;

G.全面检查材料及施工质量是否满足要求;

H.修订施工组织计划,确定施工组织及管理体系、质保体系、人员、机械设备、检测设备、通信及组织方式。

(5)试验段的铺筑,应符合现行《公路沥青路面施工技术规范》(JTG F40—2004)的相关规定。在铺筑过程中应检查施工工艺、技术措施是否满足要求,并记录试验与检测结果。试验段的质量检测频率应是正常路段的两倍。

(6)当使用的原材料和混合料、施工机械、施工方法满足要求,试验段各检测结果符合规定后,按附录C要求编写试铺总结,经审批后作为申报正常路段开工的依据。

(7)试验段总结报告应报监理工程师审批后,方可作为大面积施工的指导方案,并应具备以下完整的技术资料和得到项目业主的开工令后,方可进行正式施工:

①总监办对沥青混凝土配合比的批复;

②施工单位的试验路总结报告;

③中心试验室的试验路抽检报告;

④施工单位目标配合比设计报告;

⑤施工单位生产配合比设计报告;

⑥中心试验室的配合比验证报告。

(8)试验段经检验合格,作为正常路段的一部分,若不满足要求,经采取补救措施后仍无法满足相关技术标准的路段,应予以铲除重铺。

## 7.6 施工要点

### 7.6.1 沥青混合料拌和

(1)沥青混合料应采用间歇式拌和机,在施工过程中,应安排专人对沥青拌和机进行日常检查维护,确保拌和机运转正常。

(2)沥青混合料拌和设备的各种称重传感器和温度传感器必须定期检定,周期不少于每年一次。间歇式沥青拌和设备计量精度可参考表7-8规定。冷料供料装置需经标定得出转速与流量的供料曲线。外掺剂等其他添加装置计量精度应满足自身装置计量精度要求。

**间歇式沥青拌和设备计量精度** 表7-8

| 序号 | 指标 | | 单位 | 允许偏差 |
|---|---|---|---|---|
| 1 | 标准砝码计量(静态) | 沥青计量准确度 | % | ±0.25 |
| 2 | | 粉料计量准确度 | % | ±0.50 |
| 3 | | 集料计量准确度 | % | ±0.50 |
| 4 | 标准砝码计量(动态) | 沥青计量准确度 | % | ±2.0 |
| 5 | | 粉料计量准确度 | % | ±2.5 |
| 6 | | 集料计量准确度 | % | ±2.5 |

(3)拌和机宜备有保温性能好的成品储料仓,储存过程中混合料温度损失不得大于10℃,且不能有沥青滴漏,道路石油沥青混合料的储存时间不得超过72h,改性沥青混合料的储存时间不宜超过24h,SMA混合料只限当天使用,OGFC混合料宜随拌随用。

(4)拌和机须配备计算机设备并具备逐盘在线打印功能,拌和过程中逐盘采集并打印各个传感器的材料用量和沥青混合料拌和量、拌和温度等各种参数,随时在线检查矿料级配和油石比,并定期对拌和机的计量和测温进行校核。每个台班结束时打印出一个台班的统计量,按现行《公路沥青路面施工技术规范》(JTG F40—2004)规定的方法进行沥青混合料生产质量及铺筑厚度的总量检验。总量检验的资料有异常波动时,应立即停止生产,分析原因。

(5)装入冷料仓的集料和装入方式应满足以下要求。

①必须是经过检测、技术质量符合规定的集料,未经检测不得使用。

②应随时检测集料的含水率,及时调节冷料仓进料速度,确保烘干集料的含水率应控制在1%以内。当冷集料含水率较大时,应降低拌和产量,以确保残余含水率不致超标。将集料彻底烘干,不仅有利于保障级配稳定,而且有利于减少沥青混合料在运输和摊铺过程中的温度损失。

③严格按照试验确定的料号(即粒组分档)分别装入各自冷料仓,不得混杂。当集料发生变化时,应停止生产,重新进行配合比设计。

④不同来源的集料,即使料号相同也不得混杂使用。

⑤从料堆将集料装入冷料仓时,装载机应在料堆向阳面并垂直于集料流动方向取料,以减少集料

离析。

⑥宜采用先加集料，后加矿粉的拌和工艺。

(6)拌和时间由试拌确定，可参考表7-9，以使所有集料颗粒全部均匀裹覆沥青为标准，并以沥青混合料拌和均匀为度。

**沥青混合料拌和时间(s)**　　表7-9

| 沥青混合料类型 | 干拌时间 | 湿拌时间 | 拌和周期 |
|---|---|---|---|
| 普通沥青 AC | ≥5 | ≥25 | ≥45 |
| 改性沥青 AC | ≥5 | ≥30 | ≥50 |
| 改性沥青 SMA | ≥10 | ≥50 | 60~70 |

(7)间歇式拌和机的振动筛规格应与矿料规格相匹配，最大筛孔宜略大于混合料的最大粒径，其余筛的设置应考虑混合料的级配稳定，并尽量使热料仓大体均衡，不同级配混合料必须配置不同的筛孔组合。

(8)严格控制沥青和集料的加热温度以及沥青混合料的出厂温度，集料温度应比沥青温度高10~30℃。

①道路石油沥青混合料的拌和施工温度宜根据135℃及175℃条件下测定的黏度—温度曲线确定；改性沥青混合料的施工温度参考沥青供货商的技术说明。条件不具备时，可参考现行《公路沥青路面施工技术规范》(JTG F40—2004)的相关规定，并根据实际情况适当调整。

②每天开始几盘集料应提高加热温度，并干拌几锅集料废弃，再正式加沥青拌和混合料。

(9)拌和机必须有二级除尘装置，经一级除尘的粉尘可直接回收使用，二级除尘的粉尘严禁使用，直接湿排处理。对因除尘造成的粉料损失应补充等量的新矿粉。

(10)拌和机的矿粉仓应配备振动装置以防止矿粉起拱。添加消石灰、水泥等外掺剂时，宜增加粉料仓，也可由专用管线和螺旋升送器直接加入拌和锅，若与矿粉混合使用时，应注意两者因密度不同发生离析。

(11)沥青混合料拌和均匀性应随时检查。目测检查混合料有无异常，如混合料有花白、冒青烟和离析等现象。若出现花白石子，应停机分析原因及时调整。出现花白、枯黄灰暗的混合料禁止使用。

(12)沥青混合料试件制备前，应在达到击实成型温度的烘箱中短期老化2h。对于在储存仓中存储时间超过2h的混合料，可不再进行短期老化处理。

(13)每台拌和机应定期检查拌和机热料仓矿料组成情况，以1次/天为宜。

(14)生产添加纤维的沥青混合料时，纤维必须在混合料中充分分散，拌和均匀。拌和机应配备同步投料装置。松散的絮状纤维可与沥青同时或稍后喷入拌和锅，拌和时间宜延长5s以上。颗粒纤维可与粗集料同时加入，干拌5~10s。工程量很小时也可分装成塑料小包由人工直接投入拌和锅。

(15)使用改性沥青时应随时检查沥青泵、管道、计量器是否受堵，堵塞时应及时清洗。

(16)沥青混合料出厂时应逐车检测沥青混合料的重量和温度，记录出厂时间，签发运料单。

(17)在拌和过程中，旁站监理应严格控制级配和沥青用量，检查混合料的出厂温度。

(18)每天生产结束时或每天正式生产开始前，应进行各档热料筛分；当矿料级配或混合料级配不满足要求时，应分析原因，及时进行调整，配比调整后经监理确认再进行正式生产。

### 7.6.2　沥青混合料运输

(1)热拌沥青混台料宜采用大吨位的车辆运输，一般应不小于15t，车辆数量应根据运输距离、摊铺速度确定，适当留有富余，摊铺机前方应有不少于5辆运料车等候卸料为宜，一套拌和机配套的运输车辆不宜少于15辆，以满足拌和机及现场连续摊铺的需要，尽量避免停机待料。

(2)运输车辆在每天使用前后，应检验其完好性。为防止沥青黏结车厢，装料前应将车厢清洗干净，在车厢板上涂一薄层防止沥青黏结的隔离剂或防黏剂，但不得有余液积聚在车厢底部。每次卸料后应及时将黏在车厢板上的余料清除干净，保持其光洁度。

(3)拌和机向运料车放料时，料车应"前、后、中"移动，分3~5次装料，以减小混合料发生粗、细集料的离析。料车应前后移动，第1、2次卸料分别在车厢两端，第3次卸料位于车厢中部，如图7-1所示。

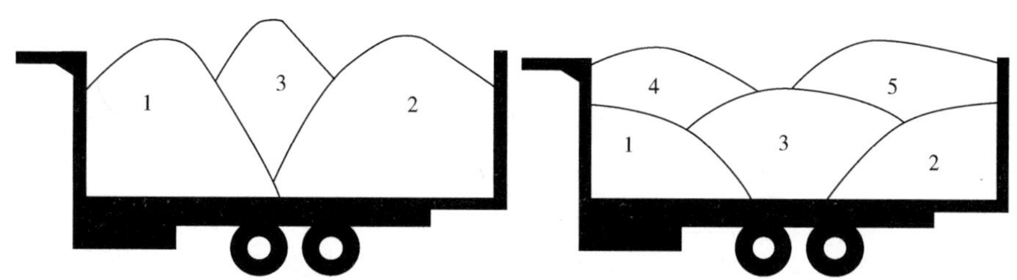


图7-1 沥青混合料运输车装料示意图

(4)拌和机卸料口到运料车车厢侧板最高点距离不宜超过50cm，在保证安全的前提下越低越好。

(5)采用数字显示插入式热电偶温度计检测沥青混合料的出厂温度和运到现场温度，插入深度要大于150mm。在运料卡车侧面中部设专用检测孔，孔口距车箱底面约300mm。测试方法应符合现行《公路路基路面现场测试规程》(JTG E60—2008)的规定。

(6)运料车应采用厚苫布覆盖严密，苫布至少应下挂到车厢板的一半，卸料过程中宜继续覆盖直到卸料结束，在气温较低时，运料车车厢侧面应加装保温层，确保混合料温度稳定，杜绝因苫布覆盖"露头露尾"导致的局部严重温度离析现象。

(7)应在拌和场适当位置修建用于从运料车上观测、取样和测温的站台。

(8)运料车进入摊铺现场时，应设定区域专人对汽车轮胎进行清洗，以免车辆对路面产生污染，影响沥青混合料的摊铺质量。

(9)卸料过程中，运料车在摊铺机前10~30cm处停住，运料车不得撞击摊铺机。卸料过程中运料车应挂空挡，靠摊铺机推动前进。

(10)运输到摊铺现场的混合料，应有专人凭运料单收料，并随即检查其温度和外观质量。如温度不满足要求，或花白，或结团成块、滴漏或颜色枯竭灰暗，或遭雨淋的，均应做废弃处理。

(11)SMA及OGFC混合料在运输、等候过程中，如发现有沥青结合料沿车厢板滴漏时，应采取措施予以避免。

### 7.6.3 沥青混合料摊铺

(1)沥青混合料摊铺时应单幅一次性摊铺，可采用两台摊铺机梯队同时摊铺作业(可参考附图E-8)，也可采用一台摊铺机摊铺。两台摊铺机摊铺时，摊铺机必须为同一机型，新旧程度和性能相近，以保证铺筑均匀、一致。

(2)在喷洒有黏层油的路面上铺筑改性沥青混合料或SMA时，宜使用履带式摊铺机。摊铺机的受料斗应涂刷薄层隔离剂或防黏结剂。

(3)下面层摊铺和桥面下面层摊铺时，应采用钢丝引导控制高程的方式。钢丝为扭绕式，直径不小于6mm，钢丝拉力大于800N，每10m设一钢丝支架。采用两台摊铺机实施摊铺施工时，靠中央分隔带侧摊铺机在前，其左架设钢丝，摊铺机上安装横坡仪或在右侧架设铝合金导梁控制摊铺层横坡；后面摊铺机右侧架设钢丝，左侧在摊铺好的层面上走"雪撬"控制高程。中、上面层应采用非接触式平衡梁控制摊铺厚度。两台摊铺机摊铺层的纵向热接缝，应采用斜接缝，避免出现缝痕。铺筑改性沥青或SMA路面时宜采用非接触式平衡梁。

(4)采用两台或更多台数的摊铺机时，摊铺机应前后错开10~20m，呈梯队方式同步摊铺，两幅之间应有30~60mm宽度的搭接，并躲开车道轮迹带，上、下层的搭接位置宜错开200mm以上。

(5)热拌沥青混合料的最低摊铺温度根据铺筑层厚度、气温、风速及下卧层表面温度应符合现行《公路沥青路面施工技术规范》(JTG F40—2004)的相关规定。每天施工开始阶段宜采用较高温度的混合料。

(6)沥青混合料的松铺系数应根据混合料类型由试铺试压确定。摊铺过程中应随时检查摊铺层厚度及路拱、横坡,并按现行《公路沥青路面施工技术规范》(JTG F40—2004)的方法由使用的混合料总量与面积校验平均厚度。

(7)摊铺机开工前应提前0.5~1h预热熨平板,使其温度不低于100℃。熨平板连接应紧密避免摊铺的混合料出现划痕,熨平板加宽连接应仔细调节至摊铺的混合料没有明显的离析痕迹。铺筑过程中,应使熨平板的振捣或夯锤压实装置具有适宜的振动频率和振幅,以提高面层的初始压实度(初始压实度应不小于85%)和平整度。摊铺机必须开启“双振”功能,即夯锤振捣和熨平板振动。应根据混合料的类型、集料尺寸、厚度等情况选择“双振”参数。熨平板的振动频率应尽可能与沥青混合料固有频率相同,以达到共振目的,约40Hz,即2 400r/min左右,且不小于1 600r/min。夯锤的振幅与摊铺厚度关系最大,当厚度为4cm时,宜选择3mm行程,当厚度为6cm时,宜选择5mm行程,当厚度为8cm时,宜选择7mm行程。夯锤的振捣频率与摊铺速度关系最大,摊铺速度为1m/min,夯锤振捣频率应大于200r/min;摊铺速度为2m/min,夯锤振捣频率应大于400r/min;摊铺速度为3m/min,夯锤振捣频率应大于600r/min;摊铺速度为4m/min,夯锤振捣频率应大于800r/min。

(8)螺旋布料器参数选择。

①调好螺旋布料器两端的自动料位器,并使料门开度、链板送料器的速度和螺旋布料器的转速相匹配,并使螺旋布料器内混合料表面不小于螺旋布料器2/3高度,以防止条带状离析。

②全幅摊铺和梯形摊铺之间的转换应设置反向叶片,以防止纵向离析。

③螺旋布料器前应设塑料挡板以防止混合料的竖向离析。

(9)摊铺机作业方向应与路面车辆行驶方向一致,必须缓慢、均匀、连续不间断地摊铺,不得随意变换速度或中途停顿,以提高平整度,减少混合料的离析。摊铺速度宜控制在2~6m/min范围内,对改性沥青混合料及SMA混合料宜放慢至1~3m/min。当混合料出现明显的离析、波浪、裂缝、拖痕时,应分析原因,予以消除。做到每天仅在收工时停机一次。

(10)摊铺机初始工作仰角调节。两台摊铺机的熨平板初始仰角应仔细进行调整,以保证路面平整度,工作仰角一般为0°15′~0°40′。开始摊铺前的垫块厚度为松铺系数与设计厚度的乘积。

(11)面层压实前,禁止人员踩踏。一般不宜人工整修,若出现局部离析等特殊情况,应在技术人员指导下,由施工人员进场找补或更换混合料。

(12)在桥隧过渡段应严格按照设计要求进行施工,提前做好工作面准备,处理好欠压实、松散、不平整等问题,并扫除松散材料和所有杂物。

(13)摊铺过程中,应随时检测松铺厚度,发现异常应立即调整。

(14)中央分隔带路缘石应在摊铺面层前完工,铺筑时应在靠近路缘石位置适量多铺混合料,并确保该处沥青混合料的压实度。

(15)运料车辆在卸料更换时应做到快捷、有序,保证摊铺机料斗不脱料,尽量减少摊铺机料斗在摊铺过程中拢料。尽量减少收斗次数,以防止窝状离析。摊铺机应不等受料斗内的混合料全部用完就折起收斗。

(16)在路面狭窄和加宽部分、平曲线半径过小的匝道、斜交桥头等摊铺机不能摊铺的部位可辅用人工摊铺混合料。人工摊铺应严格控制操作时间、松铺厚度、平整度等。

(17)摊铺遇雨时,立即停止施工,并清除已摊铺尚未压实成型的混合料。

(18)沥青混合料摊铺过程中应配备至少1名试验检测人员、1名质检员对沥青混合料各项指标进行检测,并及时反馈与调整。

### 7.6.4 沥青混合料压实

(1)沥青路面施工,应按第2章2.3节的规定配备足够数量的压路机,当施工气温低、风速大、碾压层薄时,应增加压路机数量。

(2)沥青混合料面层的压实应采用重型压路机,双钢轮压路机应不小于12t,轮胎压路机应不小于25t,必要时应采用30t以上的轮胎压路机进行碾压作业,OGFC沥青混合料宜采用小于12t的双钢轮压路机。压路机使用性能良好,不得出现漏油现象。

(3)应选择合理的压路机组合方式及碾压步骤。碾压温度应满足现行《公路沥青路面施工技术规范》(JTG F40—2004)和建设单位发布的作业指导书等中的相关要求,并根据混合料种类、压路机、气温、层厚等情况经试压确定。禁止压路机在高温压实过程中停机;初压、复压、终压都应在尽可能高的温度下进行(且初压时不产生明显推移),并在规定温度条件下完成终压;同时不得在低温状况下作反复碾压,使石料棱角磨损、压碎、破坏集料嵌挤。初压一般采用双钢轮压路机,AC和Superpave型混合料复压宜采用轮胎压路机,SMA、OGFC宜采用双钢轮压路机;终压宜采用双钢轮压路机。通过试验段确定的具体压路机组合方式和碾压遍数,应报备建设单位和监理单位;大规模施工时禁止随意改变,如需改变必须经建设单位和驻地监理审批。单幅两车道碾压模式可参考表7-10~表7-12。

**AC、Superpave混合料面层碾压模式** 表7-10

| 碾压阶段 | 压路机类型 | 数量(台) | 碾压模式 |
|---|---|---|---|
| 初压 | 双钢轮振动压路机(12t以上) | 2 | 整幅范围内,振压2遍 |
| 复压 | 轮胎压路机(25t以上)或与振动压路机组合 | 3 | 整幅范围内,碾压4~6遍 |
| 终压 | 双钢轮振动压路机(12t以上) | 1 | 静压1~2遍 |

**SMA混合料面层碾压模式** 表7-11

| 碾压阶段 | 压路机类型 | 数量(台) | 碾压模式 |
|---|---|---|---|
| 初压 | 双钢轮振动压路机(12t以上) | 2 | 整幅范围内,振压2遍 |
| 复压 | 双钢轮振动压路机(12t以上) | 2 | 整幅范围内,碾压各2遍 |
| 终压 | 双钢轮振动压路机(12t以上) | 1 | 静压1~2遍 |

**OGFC混合料面层碾压模式** 表7-12

| 碾压阶段 | 压路机类型 | 数量(台) | 碾压模式 |
|---|---|---|---|
| 初压 | 双钢轮振动压路机(12t以下) | 2 | 整幅范围内,振压2遍 |
| 复压 | 双钢轮振动压路机(12t以下) | 2 | 整幅范围内,碾压各2遍 |
| 终压 | 双钢轮振动压路机(12t以下) | 1 | 静压1~2遍 |

(4)压路机应以缓慢而均匀的速度碾压,压路机的适宜碾压速度随初压、复压、终压及压路机的类型而区别,可参考表7-13和表7-14。

**AC、Superpave混合料面层碾压速度(km/h)** 表7-13

| 压路机类型 | 初压速度 | | 复压速度 | | 终压速度 | |
|---|---|---|---|---|---|---|
| | 适宜 | 最大 | 适宜 | 最大 | 适宜 | 最大 |
| 钢轮压路机 | 1.5~2 | 3 | 2.5~3.5 | 5 | 2.5~3.5 | 5 |
| 轮胎压路机 | — | — | 3.5~4.5 | 8 | — | — |
| 钢轮振动压路机 | 1.5~2(静压) | 5(静压) | 4~5(振动) | 8(振动) | 2~3(静压) | 5(静压) |

**SMA、OGFC 混合料面层碾压速度(km/h)**　　表 7-14

| 压路机类型 | 初压速度 | 复压速度 | 终压速度 |
|---|---|---|---|
| 静压钢轮压路机 | 2~3 | 2.5~5 | 2.5~5 |
| 钢轮振动压路机 | 2~4 | 4~5 | — |

(5)初压应满足下列要求。

①初压应紧跟摊铺机后碾压,并保持较短的初压区长度,以尽快使表面压实,减少热量散失(可参考附图 E-9)。对摊铺初始密实度较大,经实践证明采用振动压路机或轮胎压路机直接碾压无严重推移而又效果良好时,可免去初压,直接进入复压程序。

②从外侧向中心碾压,在超高路段则由低向高碾压,在坡道上宜从低处向高处碾压。

③初压后应检查平整度、路拱,有严重缺陷时进行修整乃至返工。

(6)复压应紧跟在初压后进行,并满足下列要求。

①复压应紧跟初压后进行,且不得随意停顿。压路机的碾压段长度通常不得超过 60~80m。采用不同型号的压路机组合碾压时宜安排每一台压路机做全幅碾压,防止不同部位的压实度不均匀。

②AC 型混合料的复压宜优先采用轮胎压路机进行搓揉碾压,以增加密水性,碾压遍数应达 4~6 遍,以增加密实性。相邻碾压带应重叠 1/3~1/2 的碾压轮宽度。

③对粗集料为主的 SMA、ATB 等结构,宜优先采用振动压路机复压。振动压路机的频率宜为 35~50Hz,振幅宜为 0.3~0.8mm。层厚较大时选用高频率高振幅,以产生较大的激振力,厚度较薄时采用高频率低振幅,以防止集料破碎。相邻碾压带重叠宽度为 10~20cm。振动压路机折返时应停止振动。

④对路面边缘、加宽及港湾式停车带等大型压路机难以碾压的部位,宜采用小型振动压路机做补充碾压。

(7)终压。终压应紧接在复压后进行,终压可选双钢轮压路机或关闭振动的振动压路机碾压不宜少于 2 遍,至无明显轮迹为止,在终压温度以上完成收光及消迹碾压。

(8)SMA 路面碾压过程中,振动压路机应遵循“紧跟、慢速、高频、低幅”的原则,即紧跟在摊铺机后面,采取高频率、低振幅的方式慢速碾压。如发现 SMA 混合料高温碾压时有推拥现象,应复查其级配是否合适。

(9)为避免碾压时混合料推挤产生拥包,碾压时驱动轮应朝向摊铺机;碾压路线及方向不应突然改变;压路机起动、停止必须减速缓行,不得紧急制动;压路机折回位置应呈阶梯状,不应在同一横断面。

(10)在当天碾压完成的沥青面层上,不得停放压路机及其他施工设备;并防止矿料、油料和杂物散落在沥青面层上。

(11)碾压黏轮处理。

①碾压轮在碾压过程中应保持清洁,有混合料黏轮应立即清除。

②钢轮在碾压过程中,应使用洁净的可饮用水作为隔离剂,喷水量不宜过大且成雾状,不得漫流,以防止混合料降温过快。

③轮胎压路机开始碾压阶段,可适当烘烤、涂刷少量隔离剂或防黏结剂(可参考附图 E-10),也可少量喷水,并先到高温区碾压使轮胎尽快升温,之后停止洒水。禁止使用柴油、机油等作为压路机隔离剂。轮胎压路机轮胎外围宜加设围裙保温。

(12)碾压观场应设专岗对碾压温度、碾压工艺进行管理和检查,做到不漏压、不超压。初压、复压、终压段落应设置明显标志。

(13)压路机不得在未碾压成型路段上转向、掉头、加水或停留。在当天成型的路面上,不得停放各种机械设备或车辆,不得散落矿料、油料等杂物。

(14)压实完成 12h 后或路面温度低于 50℃,方能允许施工车辆通行。

(15)现场碾压时,旁站监理应重点控制初压、负压、终压的温度和碾压质量。

### 7.6.5 施工接缝处理

(1)纵向施工缝。

①当采用两台摊铺机梯队摊铺产生的纵向接缝时,应采用松铺斜接缝,以热接缝形式做一次跨接缝碾压。斜接缝的搭接长度与层厚有关,宜为0.4~0.8m。搭接处应洒少量沥青,混合料中的粗集料颗粒应予剔除,并补上细料,搭接平整,充分压实。如果两台摊铺机相隔距离较长,先摊铺层应留下10~20cm宽暂不碾压,作为后续摊铺的基准面,并跨缝一次碾压密实。

②对于路面将产生的纵向冷接缝,宜加设挡板或加设切刀切齐,也可在混合料尚未完全冷却前用镐刨除边缘留下毛茬的方式,不宜在冷却后用切割机切割作纵向接缝。加铺另半幅前应涂洒少量沥青,重叠在已铺层上50~100mm,再铲走铺在前半幅上面的混合料,碾压时由边向中碾压留下100~150mm,再跨缝挤紧压实。或先在已压实路面上行走碾压新铺层150mm左右,然后压实新铺部分。

③采用半幅摊铺时,如互通式立交匝道及联络线双向横坡路面,可沿路中线设置竖直纵缝(装模板)。摊铺另一半幅时,在已铺筑层的结合面涂抹改性乳化沥青。

(2)横向施工缝。

①所有路段沥青混合料施工宜尽可能在构造物接头处结尾。

②全部采用平接缝。在铺设当天混合料冷却但尚来结硬时,用3m直尺沿纵向放置。在摊铺段端部的直尺呈悬臂状,以摊铺层与直尺脱离接触处定出接缝位置,用凿岩机或人工用镐垂直刨除端部层后不足的部分,使接缝能成直角连接,并涂抹改性乳化沥青,如图7-2所示。

③继续摊铺时,刨除的断面应保持干燥,摊铺机熨平板从接缝处起步摊铺;碾压时用钢轮压路机进行横向压实,从先铺面层上跨缝逐渐移向新铺面层。接缝碾压完毕再碾压新铺面层,横向接缝施工前应在断面涂刷黏层油。上、下层横缝应错开1m以上。

(3)当天碾压完毕后应将压路机开至未铺面层位置过夜,第二天压路机开回新施工面层上后,再按要求铲除接缝处斜坡层,继续摊铺沥青混合料。

(4)中、上面层横向施工缝应远离桥梁伸缩缝20m以外,以确保伸缩缝两边铺装层表面的平顺。

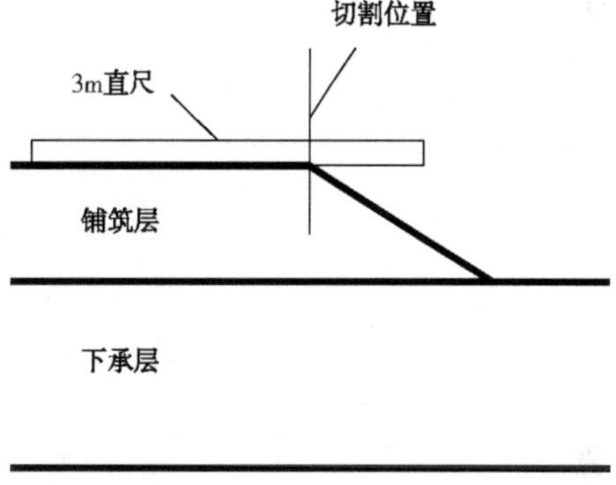


图7-2 横向切缝示意图

## 7.7 质量控制

(1)沥青面层的主要原材料必须进行留样备查,应符合以下规定。

①在沥青到达施工现场时每车沥青留三份样,每份样品不少于2kg,按表7-15和表7-16要求填写留样单。运输车辆的驾驶员、承包人及监理单位的取样人员应签名。封存容器统一采用3kg白铁皮桶,样品编号后一份封存于现场管理机构,与留样单、质保书一起保存至竣工验收,另两份分别由承包人及监理单位留存至交工验收。

**道路石油沥青样品留样单**(样品编号　　　　)　　　　表7-15

标段________　　　　承包人________　　　　日期________

| 品　牌 | 标　号 | 质保书编号 | 沥　青　库 | 罐　号 |
|---|---|---|---|---|
| | | | | |
| 运输单位 | 车牌号 | 驾驶员(签名) | 施工取样人员(签名) | 监理人员(签名) |
| | | | | |

**改性沥青样品留样单**(样品编号　　　　　)　　　　表 7-16

标段________　　　　承包人________　　　　日期________

| 生产单位 | 生产日期 | 质保书编号 | 运输单位 |
|---|---|---|---|
| | | | |
| 车牌号 | 驾驶员(签名) | 施工取样人员(签名) | 监理人员(签名) |
| | | | |

②抗剥落剂到达现场时,对每批次抗剥落剂应留样,当一批抗剥落剂超过 5t 时,应每 5t 留一个样品,每个样品 1kg,按表 7-17 要求填写留样单。供货商的送样人员、承包人及监理单位的取样人员应签名。样品、留样单交监理单位封存至交工验收,交工验收后移交业主封存至竣工验收。

**沥青抗剥落剂、纤维等材料留样单**(样品编号　　　　　)　　　　表 7-17

标段________　　　　承包人________　　　　日期________

| 材料名称 | 型号 | 质保书编号 | 本批次供货数量 |
|---|---|---|---|
| | | | |
| 供货商代表(签名) | 承包人取样人员(签名) | 监理单位取样人员(签名) | |
| | | | |

③木质素纤维到达现场时,应对每批次纤维留样,当一批纤维超过 50t 时,应每 50t 留一个样品,每个样品 500g,按表 7-17 要求填写留样单。供货商的送样人员、承包人及监理单位的取样人员应签名。样品、留样单交由监理单位封存至交工验收,交工验收后移交业主封存至竣工验收。

(2)各原材料进场、沥青混合料生产过程中,原材料抽检项目、抽检频率和质量要求应符合表 7-18 规定。

**沥青面层原材料检查项目及频率**　　　　表 7-18

| 材　料 | 检 查 项 目 | 质 量 要 求 | 检 测 频 率 |
|---|---|---|---|
| 粗集料 | 密度、外观 | 满足现行《公路沥青路面施工技术规范》(JTG F40—2004)的相关要求 | ≥1 次/500t |
| | 针片状含量、颗粒组成 | | |
| | 沥青黏附性、含水率、软石含量 | | |
| | 洛杉矶磨耗值、磨光值、压碎值 | | 必要时 |
| 细集料 | 密度、外观 | 满足现行《公路沥青路面施工技术规范》(JTG F40—2004)的相关要求 | ≥1 次/200t |
| | 颗粒组成(筛分)、砂当量 | | |
| | 堆积密度、含水率、松方单位重 | | 必要时 |
| 矿粉 | 密度、含水率、亲水系数 | 满足现行《公路沥青路面施工技术规范》(JTG F40—2004)的相关要求 | ≥1 次/50t |
| | 外观 | | 随时 |
| | <0.075mm 颗粒含量 | | 必要时 |
| 道路石油沥青 | 密度 | 满足现行《公路沥青路面施工技术规范》(JTG F40—2004)的相关要求 | 1 次/车 |
| | 针入度、软化点、延度 | | |
| | 含蜡量 | | 必要时 |
| SBS 改性沥青 | 针入度、软化点 | 满足现行《公路沥青路面施工技术规范》(JTG F40—2004)的相关要求 | 1 次/d |
| | 延度、弹性恢复 | | 必要时 |
| | 离析试验 | | |
| 木质素纤维 | 纤维长度、灰分含量、pH 值 | 满足现行《公路沥青路面施工技术规范》(JTG F40—2004)的相关要求 | ≥1 次/批 |
| | 吸油率、含水率、密度 | | |
| 抗剥落剂 | 密度、pH 值、残留稳定度 | 满足本分册表 7-1 要求 | ≥1 次/批 |
| | 掺入沥青后与石料黏附性 | | |

(3)拌和场必须按现行《公路沥青路面施工技术规范》(JTG F40—2004)规定的步骤对沥青混合料生产过程进行质量检查,并按表表 7-19 规定的项目和频率检查沥青混合料产品的质量。

**热拌沥青混合料质量要求** 表 7-19

<table>
<tr><th colspan="2">检查项目</th><th>质量要求或允许偏差</th><th>检查频率</th><th>取样/检查方法</th></tr>
<tr><td colspan="2">沥青混合料外观</td><td>观察集料粗细、均匀性、离析、油石比、色泽、冒烟、有无花白料、油团等各种现象</td><td>随时</td><td>目测</td></tr>
<tr><td rowspan="3">拌和温度</td><td>沥青、集料的加热温度</td><td rowspan="3">符合现行《公路沥青路面施工技术规范》(JTG F40—2004)相关规定</td><td>逐盘检测评定</td><td>传感器自动检测、显示并打印</td></tr>
<tr><td rowspan="2">混合料出厂温度</td><td>逐车检测评定</td><td>传感器自动检测、显示并打印</td></tr>
<tr><td>逐盘测量记录,每天取平均值评定</td><td>传感器自动检测、显示并打印,出厂时逐车按 T 0981人工检测</td></tr>
<tr><td rowspan="9">矿料级配与设计标准级配的差(%)</td><td>0.075mm</td><td>±2(2)</td><td rowspan="3">逐盘在线检测</td><td rowspan="3">计算机采集数据计算</td></tr>
<tr><td>≤2.36mm</td><td>±5(4)</td></tr>
<tr><td>≥4.75mm</td><td>±6(5)</td></tr>
<tr><td>0.075mm</td><td>±1</td><td rowspan="3">逐盘检查,每天汇总1次取平均值评定</td><td rowspan="3">总量检验</td></tr>
<tr><td>≤2.36mm</td><td>±2</td></tr>
<tr><td>≥4.75mm</td><td>±2</td></tr>
<tr><td>0.075mm</td><td>±2(2)</td><td rowspan="3">每台拌和机每天上、下午各1次,以两个试样的平均值评定</td><td rowspan="3">T 0725 抽提筛分与标准级配比较的差</td></tr>
<tr><td>≤2.36mm</td><td>±5(3)</td></tr>
<tr><td>≥4.75mm</td><td>±6(4)</td></tr>
<tr><td colspan="2" rowspan="3">沥青用量(油石比)(%)</td><td>±0.3</td><td>逐盘在线监测</td><td>计算机采集数据计算</td></tr>
<tr><td>±0.1</td><td>逐盘检查,每天汇总1次取平均值评定</td><td>总量检验</td></tr>
<tr><td>±0.2</td><td>每台拌和机每天上、下午各1次,以两个试样的平均值评定</td><td>抽提 T 0722、T 0721</td></tr>
<tr><td rowspan="3">马歇尔试验</td><td>空隙率(%)</td><td rowspan="3">符合现行《公路沥青路面施工技术规范》(JTG F40—2004)相关规定</td><td rowspan="3">每台拌和机每天上、下午各1次,以4~6个试件的平均值评定</td><td rowspan="5">T 0702、T 0709、《公路沥青路面施工技术规范》(JTG F40—2004)附录 B、附录 C</td></tr>
<tr><td>稳定度(kN)</td></tr>
<tr><td>流值(0.1mm)</td></tr>
<tr><td rowspan="2">旋转压实</td><td>空隙率(%)</td><td>生产配合比空隙率±1</td><td>上、下午各1次</td></tr>
<tr><td>VMA(%)</td><td>生产配合比 VMA±1</td><td>上、下午各1次</td></tr>
<tr><td colspan="2">浸水马歇尔试验</td><td>符合现行《公路沥青路面施工技术规范》(JTG F40—2004)相关规定</td><td>必要时(试件数同马歇尔试验)</td><td>T 0702、T 0709</td></tr>
<tr><td colspan="2">车辙试验</td><td>符合本分册第 7 章 7.4.2 节第 4 条规定</td><td>必要时(以3个试件的平均值评定)</td><td>T 0719</td></tr>
</table>

注:表中括号内的数字是对 SMA 的要求。

(4)沥青面层铺筑过程中必须随时对铺筑质量进行检查。质量检查的内容、频度、允许差应符合表 7-20 的规定。

**热拌沥青混合料面层质量控制标准**　　表 7-20

| 检查项目 | | | 质量要求 | | 检查频率 |
|---|---|---|---|---|---|
| | | | 要求值或容许误差 | 外观要求 | |
| 外观 | | | 表明平整密实,不得有明显轮迹、裂缝、推挤、油汀、油包等缺陷,且无明显离析 | | 随时 |
| 接缝 | 外观 | | 紧密平整、顺直、无跳车 | | 随时 |
| | 平整度(mm) | | 3 | 平整、顺直、无跳车 | 逐条缝检测评定 |
| 施工温度(℃) | 摊铺温度 | | 参考现行《公路沥青路面施工技术规范》(JTG F40—2004)的相关规定 | | 逐车检测评定 |
| | 碾压温度 | | | | 随时 |
| 厚度(mm) | 代表值 | 总厚度 | -4 | 均匀一致 | 1 次/(200m · 车道) |
| | | 上面层 | -2 | | |
| | | 中面层 | | | |
| | | 下面层 | | | |
| | 合格值 | 总厚度 | -8 | | |
| | | 上面层 | -4 | | |
| 压实度 | | | 试验室标准密度的 96%(98%);最大理论密度的 93%(95%);试验段密度的 98%(99%) | — | 每层 1 次/(200m · 车道) |
| 平整度 | $\sigma$(mm) | | 0.7 | 平整、无起伏 | 每车道连续按每 100m 计算 *IRI* 或 $\sigma$(平整度仪) |
| | 单点 $\sigma$(mm) | | 1.2 | | |
| | *IRI*(m/km) | | 1.2 | | |
| 渗水系数 | | | SMA 路面 200mL/min;其他沥青混凝土路面 250mL/min | 均匀、密实 | 1 处/(200m · 车道),每处 3 点 |
| 抗滑 | 摩擦系数 | | 满足设计要求 | — | 1 处/200m |
| | 构造深度 | | | | |
| 中线平面偏位(mm) | | | 20 | — | 4 点/200m |
| 纵断高程(mm) | | | ±15 | 平整顺适 | 4 处/200m |
| 宽度(mm) | 有侧石 | | ±20 | 边缘线整齐、顺适 | 2 处/100m |
| | 无侧石 | | 不小于设计 | | |
| 横坡(%) | | | ±0.3 | — | 4 处/200m |

注:1.热拌沥青混合料面层质量要求来自现行《内蒙古自治区公路工程质量控制标准　土建工程》(DB 15/T 441—2008)。

2.表内压实度可选用其中的 1 个或 2 个标准评定,选用两个标准时,以合格率低的作为评定结果。带括号者是指 SMA 路面,其他为普通沥青混凝土路面。

3.表列厚度仅规定负允许偏差。

4.$\sigma$ 为平整度仪测定的标准偏差。

5.表中渗水系数不适用于 OGFC 混合料。

6.检测频率除注明之外,系指单幅双车道。

(5)生产过程中,如遇进场材料发生变化并经检测沥青混合料的矿料级配、马歇尔技术指标不满足要求时,应及时调整配合比,使沥青混合料的质量满足要求,并保持稳定,必要时应重新进行配合比设计。施工过程中随时对路面进行外观(色泽、油膜厚度、表面空隙)检查,发现路面局部渗水、严重离析或压实度不足时,必须采取补救措施。搭接处应紧密、平顺,烫缝不应枯焦。面层与路缘石及其他构造物应密贴接顺,不得有积水或漏水现象。

(6)SMA 路面施工过程中如发观“油斑”或局部光面较多时,应仔细检查油石比、矿料级配是否偏离设计,拌和是否均匀,有无纤维、矿粉结团和用量偏离设计等情况,严重者应予铲除,并调整配合比。

(7)沥青面层的施工应按现行《公路沥青路面施工技术规范》(JTG F40—2004)附录E的方法实行动态质量管理。

①试验室数据管理。将每天检测的重要试验检测项目(油石比、空隙率、压实度、关键筛孔级配)绘制波动图和直方图,进行质量动态控制。当某一指标超出允许范围时,分析原因并对施工路段进行处理。

②沥青拌和机数据打印存盘管理。

A.配比波动图。利用电脑采集拌和机每盘的材料掺量,利用EXCEL绘成当天配比波动图,重点包括油石比、各热料仓比例。

拌和机的所有数据必须存盘、打印并存档备查。

B.厚度和油石比的总量控制。利用沥青拌和厂当天生产的混合料总量与实际铺筑的面积计算平均厚度,复核取芯厚度的准确性,并进行总量检测。利用沥青拌和厂当天生产的混合料总量与所用沥青总量计算平均油石比,复核实测油石比的准确性,并进行总量检测。

(8)沥青面层的压实度采取重点对碾压工艺进行过程控制,适度钻孔抽检压实度的方法。各方应联合进行钻孔检测,随机选点取样,避免重复钻孔。钻孔后应及时将孔中灰浆掏净,吸净余水,待干燥后,中、下面层采用水泥混凝土填补,上面层采用相同的沥青混合料分层填充夯实。

(9)沥青路面施工的关键工序或重要部位宜拍摄照片或进行录像,作为实态记录及保存数据的一部分。

## 7.8 质量问题的防治与管理措施

### 7.8.1 沥青混合料面层离析防治措施

(1)合理选择沥青混合料集料公称最大粒径,以与摊铺厚度相适应。

(2)合理调整生产配合比矿料级配,使粗集料接近级配范围上限,较细集料接近级配范围下限,以形成“S”型级配。

(3)运料车装料时应至少分三次装料,避免形成锥体导致粗集料滚落造成离析。

(4)摊铺机调整到最佳状态,熨平板前料门开度与集料最大粒径相适应,螺旋布料器上混合料高度应基本一致,料面应高出螺旋布料器2/3以上。

### 7.8.2 沥青混合料面层压实度不足防治措施

(1)确保沥青混合料的良好级配。

(2)料车在装料过程中应前后移动,做好沥青混合料保温措施,确保沥青混合料碾压温度满足规定要求。

(3)合理组合压路机类型,选用满足要求的压路机压实,压实遍数和压实速度符合规定。

(4)调整好摊铺机送料的高度,使布料器内混合料饱满齐平。

(5)当采用埋置式路缘石时,路缘石应在沥青面层施工前安装完毕,压路机应从外侧向中心碾压,且紧靠路缘石碾压。当采用铺筑式路缘石时,可用耙子将边缘的混合料稍稍耙高,然后将压路机的外侧轮伸出边缘10cm左右碾压,也可在边缘先空出宽30~40cm,待压完第一遍后,将压路机大部分重量位于压实过的混合料面上再压边缘,减少边缘向外推移。

(6)严格进行马歇尔试验,保证马歇尔标准密度的准确性。

### 7.8.3 沥青混合料面层空隙率不合格防治措施

(1)在沥青拌和机的热料仓口取集料筛分,根据筛分结果动态调整沥青混合料矿料级配满足要求,并应征得监理同意。

(2)确保生产油石比在规定的误差范围内。

(3)控制碾压温度在规定范围内。

(4)选用满足规定要求的压路机,控制压实遍数。

(5)严格控制压实度。

### 7.8.4　沥青混合料油石比不合格防治措施

(1)保证石料的质量和级配均匀性。

(2)对拌和机沥青、矿料等的称量系统进行检查标定,并取得计量认证。

(3)按试验规程认真进行油石比试验。

(4)确保除尘装置工作正常。

(5)每日进行沥青用量和集料矿料用量计算分析,验证油石比是否满足要求。

### 7.8.5　沥青混合料面层厚度不均匀防治措施

(1)试铺时仔细确定松铺系数,每天施工中根据实际检查情况进行调整。

(2)调整好摊铺机及找平装置的工作状态。

(3)下面层施工前认真检查下封层高程,基层超标部分应刮除部分基层,补好下封层,再摊铺下面层。

(4)根据每天沥青混合料摊铺总量检查摊铺厚度,并进行调整。

### 7.8.6　沥青混合料面层开裂防治措施

(1)面层应选用优质的基质沥青或改性沥青,尽量采用骨架密实型沥青混凝土,基层应选用干缩系数小、抗拉强度大的半刚性材料。

(2)确定合理的路面厚度,须根据其道路等级、交通量、工程地质情况、道路基层情况和施工季节等综合因素确定设计厚度。

(3)基层施工时严格控制配合比、压实度,加强养护、处治工作,采取防裂措施,减少基层开裂。

(4)严格控制沟槽、结构物、台背的路基回填质量,回填时应挖好台阶分层压实。桥头搭板尾部和通道沉降缝处顶面铺设玻纤网,以降低对面层的影响,减少面层裂缝。

(5)在沥青混凝土摊铺前,下承层顶面必须清理干净。

(6)严格控制碾压时的沥青混凝土温度,及时碾压。

### 7.8.7　沥青混合料面层平整度控制方法

(1)摊铺机的振动频率不能随便调整,不能随便停机。

(2)加强桥头的碾压、找平处理,接头不平整的应返工。

(3)碾压过程中,压路机喷水量控制在最少状态;严格控制碾压路线和碾压方向;碾压作业应尽可能在较高温度下进行。

(4)对下承层平整度不合格或不理想的部位应进行铣刨磨平处理。

# 8　温拌沥青混合料面层

## 8.1　一般规定

（1）当不得已在低温条件下施工时，沥青路面可采用温拌沥青混合料，以适当延长施工作业时间和保证压实质量；在低温条件下施工时，应征得上级主管部门的同意。当施工环境（如人口密集区、长隧道等）对沥青混合料废气排放、温度要求严格时，也可采用温拌沥青混合料，以减少环境污染、保护施工技术人员的身体健康。

（2）温拌沥青混合料使用的各种材料和热拌沥青混合料一样，在材料运至现场后必须取样进行质量检验，经评定合格方可使用，不得以供应商提供的检测报告或商检报告代替现场检测。

（3）温拌沥青混合料不宜在气温低于5℃条件下施工，并根据当天的天气情况调整温拌沥青混合料的拌和、碾压温度，禁止在雨天、路面潮湿及大风的情况下施工。

（4）与热拌沥青混合料一样，温拌沥青混合料面层的集料最大粒径宜从上至下逐渐增大，并应与厚度相匹配。对密级配沥青混合料各层的压实厚度不宜小于集料公称最大粒径的2.5~3倍，以减少离析，便于压实。

（5）温拌沥青混合料的拌制及其摊铺施工必须符合国家环境和生态保护的规定。

（6）温拌沥青混合料的设计、施工与热拌沥青混合料基本相同，本分册未提及的可参考现行《公路沥青路面施工技术规范》（JTG F40—2004）的有关规定，同时还应符合现行国家及行业颁布的有关标准、规范和法规。

## 8.2　施工准备

温拌沥青混合料面层施工准备同第7章7.2节有关规定。

## 8.3　材料要求

（1）沥青、改性沥青、集料、填料及其他原材料技术要求参考第7章7.3节相关规定。

（2）温拌添加剂可采用高分子聚合物、有机降黏剂以及其他温拌添加剂，应满足如下要求：

①与同类型热拌沥青混合料相比，加入温拌添加剂后可使沥青混合料的拌和温度及碾压温度降低30℃以上（可参考附图E-11）；为了适应低温条件下施工的需要，应合理确定温拌沥青混合料的拌和、摊铺、碾压温度。

②加入温拌添加剂的沥青混合料，其技术性能应达到同类型热拌沥青混合料的指标，并满足现行《公路沥青路面施工技术规范》（JTG F40—2004）的要求。

③加入的温拌添加剂不得在施工过程中产生额外的有毒有害气体。

④对于液体添加剂应在密闭容器中避光保存。使用前添加剂溶液应保持均匀，没有悬浮物和沉淀物。颗粒状固体添加剂应干燥、无污染，在与集料和沥青拌和过程中能自由流动而不产生泡沫，储存时放于干燥通风处。

⑤添加剂的选择和掺量应通过具体的温拌沥青混合料试验确定。

⑥表面活性型温拌添加剂分为Ⅰ型和Ⅱ型两种，技术要求应满足表8-1要求。

表面活性型添加剂技术要求　表 8-1

| 类型 | pH 值 | 胺值(mg/g) | 固含量(%) |
| --- | --- | --- | --- |
| Ⅰ型 | 7.5±1 | 170~230 | ≥设计值 |
| Ⅱ型 | 9.5±1 | 400~560 | ≥设计值 |

温拌添加剂设计固含量按式(8-1)计算:

$$R_d = \frac{P_r}{P_a} \times 100\% \tag{8-1}$$

式中:$R_d$——设计添加剂固含量(%);

$P_r$——活性成分残留量(相对沥青用量),在 0.45%~0.70%范围内;

$P_a$——温拌添加剂的用量与沥青用量的比例,推荐值为 5%,但最高比例不宜超过 10%。

## 8.4　混合料配合比设计

(1)温拌沥青混合料的配合比设计,应遵循现行《公路沥青路面施工技术规范》(JTG F40—2004)中沥青混合料配合比设计的目标配合比、生产配合比及试拌试铺验证的三个阶段,确定矿料级配及最佳添加剂用量。

(2)温拌沥青混合料的配合比设计和热拌沥青混合料一样,必须在对同类沥青路面配合比设计和使用情况调查研究的基础上,充分借鉴成功的经验,选用满足要求的材料,进行配合比设计。

(3)温拌沥青混合料的矿料级配宜根据道路等级、使用场合以及交通条件等来选取。在不同的场合所适用的温拌沥青混合料级配类型如表 8-2 所示。

温拌沥青混合料级配类型适用场合　表 8-2

| 结构层位 | 三层式沥青路面 | 两层式沥青路面 | 排水路面或抗滑磨耗层 |
| --- | --- | --- | --- |
| 上面层 | WAC-13、WAC-16、WSMA-10、WSMA-13 | WAC-13、WAC-16、WSMA-10、WSMA-13 | WOGFC-10、WOGFC-13、WOGFC-16 |
| 中面层 | WAC-16、WAC-20、WSMA-20 | — | — |
| 下面层 | WAC-25、WAC-30、WATB-25 | WAC-20、WAC-25、WATB-25 | — |

注:WAC 指温拌密级配沥青混合料;WSMA 指温拌沥青玛蹄脂碎石混合料;WATB 指温拌沥青碎石;WOGFC 指温拌大空隙开级配排水式沥青磨耗层。

## 8.5　试验段施工

温拌沥青混合料面层试验段施工规定可参考第 7 章 7.5 节要求。

## 8.6　施工要点

### 8.6.1　沥青混合料拌和

(1)温拌沥青混合料的拌和除特殊规定外均应满足第 7 章 7.6.1 节的要求。

(2)拌制温拌沥青混合料时,根据需要可在普通沥青混合料拌和设备上安装温拌添加剂的添加装置。添加装置计量应正确,精度满足温拌添加剂添加量的允许误差要求。温拌添加剂的添加情况宜在拌和设备的控制台上在线显示。

(3)使用液体温拌剂时,拌和锅打开孔径宜不小于 30cm 的排气口。排气口的设置高度稍大于混合料拌和区高度,以便拌和过程的水汽顺利排出。

(4)当温拌添加剂为水溶液状时,拌制过程中温拌添加剂宜在沥青喷洒 1~3s 后开始添加,并在沥青喷洒完前添加完毕。矿粉的添加宜适当延后,尽量减少可能产生的水蒸气带走矿粉。

(5)固体温拌剂应在喷洒沥青时同时加入,并适当延长拌和时间3~5s为宜。

(6)液态与固态添加剂的添加剂量,按其类型与产品建议添加量,通过试验确定。

(7)温拌沥青混合料的拌制温度要求可参考表8-3~表8-5的规定,并根据实际情况适当调整。

温拌沥青混合料拌和温度范围　表8-3

| 施工工序 | 沥青标号 | |
|---|---|---|
| | 90号 | 110号 |
| 沥青加热温度(℃) | 140~160 | 135~155 |
| 集料加热温度(℃) | 105~130 | 100~125 |
| 沥青混合料出料温度(℃) | 105~115 | 100~110 |

温拌聚合物改性沥青混合料拌和温度范围　表8-4

| 施工工序 | SBSI-C/SBRⅡ-C | SBSI-D |
|---|---|---|
| 沥青加热温度(℃) | 160~170 | 160~170 |
| 集料加热温度(℃) | 120~160 | |
| 沥青混合料出料温度(℃) | 120~140 | 125~145 |
| SMA出料温度(℃) | 125~145 | 130~150 |

温拌橡胶改性沥青混合料拌和温度范围　表8-5

| 施工工序 | 正常施工 | 低温施工 |
|---|---|---|
| 矿料加热温度(℃) | 130~145 | 135~145 |
| 沥青加热温度(℃) | 175~195 | 175~195 |
| 沥青混合料出料温度(℃) | 130~150 | 140~160 |

## 8.6.2 沥青混合料运输

温拌沥青混合料的运输要求可按照第7章7.6.2节的相关规定。

## 8.6.3 沥青混合料摊铺及碾压

(1)温拌沥青混合料的摊铺及碾压除应遵照本分册的专门规定外,其他的可参考第7章7.6.3节和7.6.4节的相关规定。

(2)通过试验段确定的具体压实遍数,大规模施工时禁止随意改变,如需改变必须经驻地监理审批。

(3)温拌沥青混合料的施工温度宜根据135℃及175℃条件下测定的黏度—温度曲线确定;改性沥青混合料的施工温度参考沥青供货商的技术说明。条件不具备时,可参考表8-6~表8-8的规定,并根据实际情况适当调整。

温拌沥青混合料施工温度范围　表8-6

| 施工工序 | | 沥青标号 | |
|---|---|---|---|
| | | 90号 | 110号 |
| 摊铺温度,不低于(℃) | 正常施工 | 95 | 90 |
| | 低温施工 | 105 | 100 |
| 开始碾压温度,不低于(℃) | 正常施工 | 90 | 85 |
| | 低温施工 | 100 | 95 |
| 正常施工温拌界定温度(℃) | | ≤130 | ≤125 |
| 低温施工温拌界定温度(℃) | | ≤140 | ≤135 |

注:界定温度是判断热拌沥青混合料和温拌沥青混合料的现场控制指标。温拌沥青混合料的施工温度必须低于"温拌界定温度";出料温度高于"温拌界定温度"的混合料被认定为热拌沥青混合料。

温拌聚合物改性沥青混合料施工温度范围　表 8-7

| 施工工序 | SBSI-C/SBRⅡ-C | SBSI-D |
|---|---|---|
| 摊铺温度,不低于(℃) | 115 | 120 |
| 初压温度,不低于(℃) | 110 | 115 |
| 碾压终了温度,不低于(℃) | 65 | 65 |
| 正常施工温拌界定温度(℃) | ≤150(155) | |
| 低温施工温拌界定温度(℃) | ≤160 | |

注:1.界定温度是判断热拌沥青混合料和温拌沥青混合料的现场控制指标。温拌沥青混合料的施工温度必须低于“温拌界定温度”;出料温度高于“温拌界定温度”的混合料被认定为热拌沥青混合料。
2.括号内的数字指的是 SMA 沥青混合料。

温拌橡胶沥青混合料施工温度范围　表 8-8

| 施工工序 | 正常施工 | 低温施工 |
|---|---|---|
| 摊铺温度,不低于(℃) | 125 | 135 |
| 开始碾压温度(℃) | 120 | 130 |
| 碾压终了温度,不低于(℃) | 75 | 75 |
| 温拌界定温度(℃) | ≤150 | ≤160 |

注:界定温度是判断热拌沥青混合料和温拌沥青混合料的现场控制指标。温拌沥青混合料的施工温度必须低于“温拌界定温度”;出料温度高于“温拌界定温度”的混合料被认定为热拌沥青混合料。

(4)温拌沥青混合料沥青路面的最低施工温度见表 8-9 的规定。3cm 厚的薄面层、2.5cm 以下的超薄面层不适合于低温施工,寒冷季节遇大风、降温天气不得进行施工。每天施工开始阶段宜采用较高温度的混合料进行施工。

温拌沥青混合料适宜施工温度和最低摊铺温度　表 8-9

| 下承层表面温度(℃) | 相应于下列不同摊铺层厚度的最低摊铺温度 | | | | | |
|---|---|---|---|---|---|---|
| | 普通沥青混合料 | | | 改性沥青混合料 | | |
| | 40~50mm | 50~80mm | >80mm | 40~50mm | 50~80mm | >80mm |
| 0~5 | 120 | 115 | 110 | 不允许 | 130 | 125 |
| 5~10 | 120 | 112 | 105 | 130 | 125 | 120 |
| 10~15 | 115 | 110 | 103 | 120 | 115 | 115 |

(5)温拌沥青混合料应待摊铺层完全自然冷却,混合料表面温度低于 50℃后,方可开放交通。需要提前开放交通时,可洒水冷却降低混合料温度。

### 8.6.4　施工接缝处理

温拌沥青混合料面层的施工接缝处理应按照第 7 章 7.6.5 节的相关规定。

## 8.7　质量控制

(1)温拌沥青混合料原材料及面层的质量控制除本分册特殊规定外均应符合第 7 章 7.7 节的相关规定。

(2)表面活性型温拌添加剂检测以 20t 为一批,不足 20t 也作为一批,每批检测 pH 值、胺值和固含量,并查验厂商合格证和质检报告。

# 9　透层、下封层、黏层

## 9.1　透层

### 9.1.1　一般规定

(1)半刚性基层表面必须喷洒透层油(上下两层前后连续摊铺的除外),在透层油渗透入基层后,方可开展下道工序。

(2)透层应在基层检测合格后洒布透层油;用于半刚性基层的透层油宜紧接在基层碾压成型后表面稍变干燥,但尚未硬化的情况下喷洒。

(3)透层应该在较热和干燥的天气下施工。气温低于10℃、大风或即将降雨时,不得喷洒透层油。

(4)透层施工宜采用智能型沥青洒布车一次均匀洒布。

(5)透层施工结束后,应立即进行封闭管理,以避免后期污染。

### 9.1.2　施工准备

(1)透层施工前的技术、机械、试验检测仪器、料场与材料及作业面等各项准备,应符合本分册第2章2.2~2.6节相关规定。

(2)透层施工前,应对基层进行全面调查,及时处理相关缺陷。

### 9.1.3　材料要求

(1)透层油宜采用渗透性好的乳化沥青,质量应符合现行《公路沥青路面施工技术规范》(JTG F40—2004)的相关规定。

(2)透层油的黏度可通过调节稀释剂的用量或乳化沥青的浓度得到适宜的黏度。

### 9.1.4　施工要点

(1)当采用高渗透乳化沥青时,应在水泥稳定级配碎石基层碾压成型、表面稍变干燥,但尚未硬化的情况下喷洒透层油。当采用煤油稀释沥青时,应在水泥稳定级配碎石基层用土工布覆盖养生3~4d后及时喷洒。

(2)透层每次施工段落长度根据洒布车装油的数量决定,确保每车油单幅全宽喷洒完毕。

(3)透层油采用智能型沥青洒布车喷洒(可参考附图E-12),喷洒数量应通过试验确定,半刚性基层上透层油喷洒数量一般为0.7~1.5L/m$^2$,无结合料粒料基层上透层油喷洒数量一般为1.0~2.0L/m$^2$,其中乳化沥青中残留物含量以50%为基准。透层油喷洒后,基层表面不得有漏洒及浮油现象(可参考附图E-13),在后期施工车辆作用下不得粘起油皮。

(4)沥青洒布车喷嘴的轴线应与路面垂直,并保证所有喷嘴的角度一致,同时保证洒布管的高度,尽量使同一地点能够接到两个或三个喷洒嘴喷洒的沥青。

(5)透层油宜用沥青洒布车一次喷洒均匀,注意起步、终止以及纵向搭接处的洒布量。

(6)透层油洒布后,如有花白遗漏应人工补洒,喷洒过量的立即撒布石屑或砂吸油,必要时作适当碾压。

(7)洒布完成后应及时封闭交通,不得有车辆通行等损害透层的现象发生。水分蒸发后应尽早施工下封层。

### 9.1.5　质量控制

(1)透层油的质量应符合现行《公路沥青路面施工技术规范》(JTG F40—2004)的相关规定。

(2)施工过程中随时进行外观检查,确保透层油洒布均匀,数量符合规定。

(3)采用钻孔或挖掘检查透层油渗透入基层的深度,宜不小于5mm,对于级配碎石基层透层油的渗透深度应通过试验确定。

(4)透层的检测项目、频率、技术标准及试验方法应符合表9-1的规定。

透层检测标准　　表9-1

| 检测项目 | 检测频率 | 技术标准 | 试验方法 |
|---|---|---|---|
| 外观 | 随时 | 外观均匀一致,与下承层表面牢固黏结不起皮 | 目测为主 |
| 沥青 | 每批检查1次 | 符合现行《公路沥青路面施工技术规范》(JTG F40—2004)的规定 | 按现行《公路工程沥青及沥青混合料试验规程》(JTG E20—2011)执行 |
| 洒布量 | 1组/1 000$m^2$ | 满足设计要求 | 洒布时应用固定容器收集,测定单位洒布量和残留物含量 |

## 9.2　下封层

### 9.2.1　一般规定

(1)沥青面层空隙率较大时,有严重渗水可能或铺筑基层不能及时铺筑沥青面层而需通行车辆时,宜在喷洒透层油后铺筑下封层。下封层宜采用层铺法表面处治施工。下封层的厚度不宜小于6mm,且做到完全泌水。

(2)下封层宜在干燥和较热的季节施工。气温低于10℃或遇大风或即将降雨时不得施工。

(3)下封层紧跟上道工序及时施工。下封层施工结束后,立即进行封闭管理,防止后期污染。

(4)应进行试验段试验,质量合格经驻地监理工程师批准后方可正式施工。

### 9.2.2　施工准备

(1)下封层施工前的技术、机械、试验检测仪器、料场与材料及作业面等各项准备,应符合本分册第2章2.2~2.6节的相关规定。

(2)下封层施工前,需对下承层进行全面调查,缺陷路段需处理。

### 9.2.3　材料要求

(1)下封层常用的沥青材料有乳化沥青、改性乳化沥青、道路石油沥青、改性沥青、橡胶沥青等,其中橡胶沥青的质量要求可参考表9-2,其他类型可参考现行相关技术规范的相关规定。

橡胶沥青技术要求　　表9-2

| 检查项目 | 单位 | 技术要求 |
|---|---|---|
| 黏度(177℃) | Pa·s | 1.5~4.0 |
| 针入度(25℃,100g,5s) | 0.1mm | ≥25 |
| 软化点 | ℃ | ≥54 |
| 弹性恢复(25℃) | % | ≥75 |

(2)下封层用集料应采用石质坚硬、清洁、不含风化颗粒的碎石。宜选用反击式破碎机轧制的石灰岩碎石，公称粒径为2.36~4.75mm、4.75~9.5mm或9.5~13.2mm，不得采用碎石场的下脚料。质量要求应符合现行《公路沥青路面施工技术规范》(JTG F40—2004)的相关规定。

(3)下封层材料宜采用乳化沥青+碎石、改性乳化沥青+碎石、道路石油沥青+碎石、改性沥青+碎石、橡胶沥青+碎石等。

### 9.2.4 试验段施工

(1)正式开工之前，应进行试验段施工。试验段应选择在经验收合格的主线下承层上进行，长度为100~200m。

(2)通过试铺确定沥青洒布方式和洒布量、集料撒布方式和撒布量、碾压工艺及质量控制方法。

(3)当使用的原材料，施工机械、施工方法满足要求，试验段各项检测结果符合规定后，编写试铺总结，经审批后作为申报正常路段开工的依据。

(4)试验段经检验合格，作为正常路段的一部分，若不满足要求，经采取补救措施后仍无法满足使用功能的路段应铲除重铺。

### 9.2.5 施工要点

(1)下封层施工前，应将下承层表面清扫干净，再用2~3台森林灭火鼓风机将浮灰吹净，使表层集料颗粒部分外露，必要时用水冲洗，雨后或用水清洗的表面，水分必须蒸发干净、晒干。

(2)沥青喷洒、集料撒布应均匀，多洒的沥青应铲除，多撒的集料应在铺筑沥青路面下面层前清扫完毕，漏洒的部分应该补洒。

(3)乳化沥青、改性乳化沥青下封层，集料撒布应在乳化沥青破乳前完成。

(4)沥青喷洒。

①道路石油沥青宜在温度155~165℃、改性沥青宜在温度165~175℃、橡胶沥青宜在温度180~190℃条件下，用智能型沥青洒布车均匀喷洒在经过处理且干燥的下承层上。乳化沥青、改性乳化沥青在常温下喷洒。

②应使用智能型沥青洒布车喷洒沥青。洒布数量宜通过试验确定，喷洒数量应符合表9-3的规定。喷洒应均匀，注意起步或终止以及纵向搭接处的喷洒数量，既不漏喷也不多喷。

**下封层材料规格及用量** 表9-3

| 下封层类型 | 沥青 | | 集料 | |
|---|---|---|---|---|
| | 名称 | 洒布量(kg/m²) | 规格(mm) | 撒布量(m³/1 000m²) |
| 乳化沥青+碎石 | 乳化沥青 | 0.9~1.0 | 2.36~4.75 | 5~8 |
| SBS改性沥青+碎石 | SBS改性沥青 | 1.0~1.2 | 4.75~9.5 | 覆盖率70%~80% |
| 道路石油沥青+碎石 | 道路石油沥青 | 0.7~1.0 | 4.75~9.5 | 覆盖率70%~80% |
| 橡胶沥青+碎石 | 橡胶沥青 | 2.0~2.6 | 9.5~13.2 | 覆盖率70%~80% |
| SBS改性乳化沥青+碎石 | SBS改性乳化沥青 | 0.9~1.1 | 2.36~4.75 | 5~6 |

注：表中乳化沥青和SBS改性乳化沥青的喷洒量为折算成纯沥青计算。

③沥青洒布车喷嘴的轴线应与路面垂直，并保证所有喷嘴的角度一致，同时调整洒布管的高度，尽量使同一地点能够接到两个或三个喷嘴喷洒的沥青。

④在下承层上放置固定面积的容器，沥青喷洒后测定盘中洒入沥青数量，测定沥青洒布量。

(5)集料撒布。

①沥青洒布后应立即用集料撒布机按表9-3规定的数量撒布集料。集料应撒布均匀，两幅搭接处不

应漏撒,也不应多撒。

②一个施工段施工完成后,根据撒布总量检查集料的平均撒布量。

③下封层施工也可以采用一体化联合撒布车进行。

(6)碾压。

集料撒布后立即用轻型轮胎压路机均匀碾压 3 遍,每次碾压重叠 1/3 轮宽,碾压应做到两侧到边,确保有效压实宽度。

(7)养生。

碾压完毕后应封闭交通,进行养护管理。

### 9.2.6　质量控制

(1)原材料的质量应符合现行《公路沥青路面施工技术规范》(JTG F40—2004)相关规定。

(2)施工过程中应随时进行外观检查,确保材料洒(撒)布均匀,数量符合规定。发现不满足要求时应立即停止施工,采取措施后再恢复施工,对不满足要求部分应及时处理。

(3)下封层的检测项目、频率、质量要求及试验方法可参考表 9-4。

下封层检测质量要求　表 9-4

| 检测项目 | 检测频率 | 质 量 要 求 | 试 验 方 法 |
|---|---|---|---|
| 外观 | 随时 | 外观均匀一致,与下承层表面牢固黏结,不起皮,无油包和下承层外露现象 | 目测为主 |
| 沥青质量 | 1 次/批 | 符合现行《公路沥青路面施工技术规范》(JTG F40—2004)的规定 | 按现行《公路工程沥青及沥青混合料试验规程》(JTG E20—2011)执行 |
| 沥青洒布量 | 1 组/1 000m$^2$ | 满足设计要求 | 洒布时采用固定容器收集 |
| 集料撒布量 | 每施工段一次 | 满足设计要求 | 每施工段总量检查 |

## 9.3　黏层

### 9.3.1　一般规定

(1)沥青面层之间如不是连续施工,必须喷洒黏层油,如连续施工且无污染,可不喷洒黏层油。

(2)黏层应在上覆盖层施工前 1~2d 进行,不宜过早施工。施工前,需对下承层进行全面调查,缺陷路段需处理。

(3)结构物与沥青层接触部位,必须均匀涂刷黏层油,同时还应注意保护桥头、涵顶及路面两侧的结构物不受污染。

(4)黏层应在干燥和较热的天气施工。气温低于 10℃或大风,或即将降雨时,不得施工。

(5)黏层施工结束后,应立即进行封闭管理,以避免后期污染。

### 9.3.2　施工准备

(1)黏层施工前的技术、机械、试验检测仪器、料场与材料及下承层等各项准备,应符合本分册第 2 章 2.2~2.6 节的相关规定。

(2)下承层表面污染物应清除干净,必要时可用水冲刷洗净,待表面干燥后施工黏层。

(3)宜采用智能型沥青洒布车一次均匀洒布。

### 9.3.3　材料要求

(1)黏层材料宜采用改性乳化沥青。

(2)黏层用改性乳化沥青应满足现行《公路沥青路面施工技术规范》(JTG F40—2004)的相关技术要求。

### 9.3.4 施工要点

(1)黏层油喷洒。

①洒布数量宜通过试验确定,一般为0.3~0.6L/$m^2$,最大量以不流淌为原则。喷洒应均匀,注意起步或终止和接缝的洒布量。

②喷洒的黏层油必须成均匀雾状,在路面全宽度内均匀分布成一薄层,不得有洒花漏空或成条状,也不得有堆积。对于局部喷量过多的段落应刮除,对于漏洒的应人工补洒。在路缘石、雨水进水口、检查井等局部位置采用人工涂刷。

③沥青洒布车喷嘴的轴线应与路面垂直,并保证所有喷嘴的角度一致,同时保证洒布管的高度,尽量使同一地点能够接到两个或三个喷洒嘴喷洒的沥青。

(2)黏层油喷洒完成后为防止黏轮,宜撒布少量的4.75~9.5mm的预拌集料。

(3)凡结构物与沥青层接触部位,必须均匀涂刷黏层油,同时还应注意保护桥头、涵顶及路面两侧的结构物不受污染。

(4)喷洒黏层油后,应封闭交通、进行养护管理,防止层间污染。

### 9.3.5 质量控制

(1)黏层油的质量应符合现行《公路沥青路面施工技术规范》(JTG F40—2004)相关规定。

(2)施工过程中随时进行外观检查,确保黏层油洒布均匀。

(3)黏层的检测项目、频率、技术要求及试验方法可参考表9-5。

**黏层检测质量要求** 表9-5

| 检测项目 | 检测频率 | 质量要求 | 检测方法 |
|---|---|---|---|
| 外观 | 随时 | 外观均匀一致,与下承层表面牢固黏结,不起皮 | 目测为主 |
| 改性乳化沥青 | 1次/批 | 符合现行《公路沥青路面施工技术规范》(JTG F40—2004)的规定 | 按现行《公路工程沥青及沥青混合料试验规程》(JTG E20—2011)执行 |
| 沥青洒布量 | 1组/1 000$m^2$ | 满足设计要求 | 洒布时固定容器收集 |

# 10　水泥混凝土面层

## 10.1　一般规定

(1)水泥混凝土面层应采用强制搅拌楼集中拌和、滑模摊铺机摊铺的施工工艺,从拌和到摊铺终了的时间不应超过初凝时间。当条件受限时,可采用三辊轴机组方式施工。在滑模摊铺机和三辊轴机组无法作业的局部位置,应采用小型机具施工。

(2)混凝土面层施工前,必须进行混凝土配合比设计,配合比设计过程包括试验室配合比、施工配合比以及施工配合比微调与控制。

(3)水泥混凝土路面摊铺时应半幅整体摊铺,严禁分条摊铺。摊铺前,工作面应平整、坚实、干净,并均匀洒水湿润作业面及模板。

(4)在正式施工前,必须铺筑试验段,对施工工艺进行总结,试验段的质量检查频率应是正常路段的2倍。

(5)混凝土拌和物应满足可摊铺性、匀质性和质量稳定性,利于施工。严格控制混凝土坍落度和振捣工艺,防止漏振和超振。

(6)应采用拉毛养生机或刻槽机进行硬刻槽,硬刻槽机数量及刻槽能力应与滑模摊铺进度相匹配。

(7)水泥混凝土面层施工如遇下述条件之一,不得施工:现场降雨;风力大于6级,风速在10.8m/s以上的强风天气;现场气温高于40℃或拌和物摊铺温度高于35℃;摊铺现场连续5昼夜平均气温低于5℃;最低气温低于-3℃。

(8)本分册重点对滑模机械、三辊轴机组和小型机具的施工要点进行说明,轨道摊铺机施工应符合现行《公路水泥混凝土路面施工技术细则》(JTG/T F30—2014)的相关规定。

(9)在施工过程中对于《高速公路项目交工检测质量不符合项清单》和《高速公路项目竣工鉴定质量不符合项清单》所列工程内容如水泥混凝土路面裂缝、板角断裂等,应重点控制,加强管理,进一步加强公路建设工程项目质量。

## 10.2　施工准备

(1)水泥混凝土面层施工前的技术、机械、试验检测仪器、料场与材料及作业面等各项准备,应符合本分册第2章2.2~2.6节的相关规定。

(2)基准线设置。

①滑模摊铺混凝土面层的施工应设置基准线。基准线设置形式有单向坡双线式、单向坡单线式和双向坡双线式三种。

②基准线宽度除应保证摊铺宽度外,应满足两侧650~1 000mm横向支距的要求。基准线桩纵向间距:直线段不应大于10m,竖、平曲线路段视曲线半径大小应加密布置,最小2.5m。

③线桩固定时,基层顶面到夹线臂的高度宜为450~750mm。基准线桩夹线臂夹口到桩的水平距离宜为300mm。基准线桩应钉牢固。

④单根基准线的最大长度不宜大于450m。基准线拉力不应小于1 000N。

⑤基准线的设置精确度应符合表10-1的规定。

基准线设置精确要求　　表 10-1

| 项目 | 中线平面偏位（mm） | 路面宽度偏差 | 面板厚度 | | 纵断高程偏差（mm） | 横坡偏差（%） | 连接纵缝高差（mm） |
|---|---|---|---|---|---|---|---|
| | | | 代表值 | 极值 | | | |
| 规定值 | ≤10 | ≤+15 | ≥-3 | ≥-8 | ±5 | ±0.10 | ±1.5 |

注：在基准线上单车道一个横断面测 3 点、双车道测 5 点测定板厚，其平均值为该断面平均板厚。断面平均厚度不应薄于其代表值；极小值不应薄于极值。每 200m 测 10 个断面，其均值为该路段平均板厚，路段平均板厚不应小于设计板厚。不满足上述要求，不得摊铺面板。

⑥基准线设置后，严禁扰动、碰撞和振动。一旦碰撞变位，应立即重新测量纠正。多风季节施工，应缩小基准线桩间距。

(3)下承层准备。

①摊铺水泥混凝土之前，应再次检查下承层的高程，对超出允许范围的部分应削除并重做；低于允许范围的部分不得使用其他材料填补。

②水泥混凝土面层摊铺施工之前，应清扫下承层的表面并检查其裂缝情况。

A.当出现有不规则的严重裂缝时，应将该段基层切割废弃，重新铺筑基层；废弃段基层的切缝断面应整齐，且应与路线中线垂直。

B.基层的单条裂缝可进行灌缝处理，并骑缝布设加筋玻纤格栅；对布设的加筋玻纤格栅应采用热沥青粘贴，并采用 U 形钢钉将玻纤格栅钉牢于基层表面。

C.当基层上存在有横向人为切缝时，该切缝应采用合适的填缝料灌满，铺筑的水泥混凝土路面板应设一条横向缩缝与基层上的人为切缝对齐。

## 10.3　材料要求

### 10.3.1　水泥

(1)水泥进场时每批量应附有出厂合格证(材质单)，路面工程所用水泥必须采用经国家水泥产品质量认证委员会认证的旋窑水泥，其生产厂家年生产能力需达到 50 万 t 以上。

(2)水泥混凝土面层宜采用道路硅酸盐水泥，也可以采用硅酸盐水泥和普通硅酸盐水泥。不得采用快硬水泥、早强水泥以及受潮变质的水泥。

(3)水泥抗压强度、抗折强度、物理指标、化学成分等质量要求应符合现行《公路水泥混凝土路面施工技术细则》(JTG/T F30—2014)的规定，经检验合格并经监理工程师认可后方可用于施工。

(4)选用水泥时，还应通过混凝土配合比试验，根据弯拉强度、耐久性和工作性优选适宜的水泥品种、强度等级。

(5)散装水泥的夏季出厂温度：北方不宜高于 55℃；混凝土搅拌时的水泥温度：北方不宜高于 50℃，且不宜低于 10℃。

(6)工地所用散装水泥应使用水泥储罐储存，当水泥储存时间过长时，应取样检测储存水泥的各项性能，确认合格后使用。

(7)在同一路段上铺筑水泥混凝土面层时，不应使用两种或以上不同牌号的水泥。

### 10.3.2　集料

1)粗集料

(1)粗集料应使用质地坚硬、耐久、洁净，粒径大于 4.75mm 的碎石，技术指标应符合现行《公路水泥混凝土路面施工技术细则》(JTG/T F30—2014)不低于Ⅱ级的规定。

(2)粗集料应使用连续级配，碎石最大公称粒径不应大于 31.5mm，碎石中粒径小于 0.075mm 的石粉含量不宜大于1%。

(3)粗集料不得使用不分级的统料,应按最大公称粒径的不同采用2~4个粒级的集料进行掺配,粒级可分为4.75~9.5mm、9.5~16mm、9.5~19mm、16~26.5mm、19~26.5mm、16~31.5mm六种。

2)细集料

(1)细集料应采用质地坚硬、耐久、洁净的天然砂、机制砂或混合砂,技术指标不低于Ⅱ级。特重、重交通混凝土路面宜使用河砂,砂的硅质含量不低于25%。

(2)细集料的级配要求应符合现行《公路水泥混凝土路面施工技术细则》(JTG/T F30—2014)的规定,天然砂宜为中砂,也可使用细度模数在2.0~3.5之间的砂。同一配合比用砂的细度模数变化范围不应超过0.3,否则应分别堆放,并调整配合比中的砂率后使用。

(3)路面混凝土所使用的机制砂应检验砂浆磨光值,其值宜大于35,不宜使用抗磨性较差的泥岩、叶岩、板岩等水成岩类母岩品种生产机制砂。配制机制砂混凝土应同时掺引气高效减水剂。

### 10.3.3 水

符合现行《生活饮用水卫生标准》(GB 5749—2006)的饮用水可直接作为水泥混凝土材料拌和与养生用水。来自可疑水源的水应按照现行相关技术规范要求进行化验鉴定。

### 10.3.4 外掺材料

(1)粉煤灰技术指标应符合现行《公路水泥混凝土路面施工技术细则》(JTG/T F30—2014)规定的电收尘Ⅰ级、Ⅱ级干排粉煤灰或磨细粉煤灰的质量要求。粉煤灰宜采用散装灰,进货应有等级检验报告。

(2)使用的减水剂、缓凝剂、抗渗剂、引气剂等外加剂质量应满足规范要求,且须保证供应材料性能的稳定,不应中途更换供货商和品种型号。供应商应提供有相应资质外加剂检测机构的品质检测报告,检验报告应说明外加剂的主要化学成分,认定对人员无毒副作用。

### 10.3.5 钢筋

(1)钢筋网、传力杆、拉杆等钢筋应顺直,不得有裂纹、断伤、刻痕、表面油污和锈蚀,质量应满足国家有关标准的技术要求。

(2)传力杆钢筋加工应锯断,不得挤压切断;断口应垂直、光圆,用砂轮打磨掉毛刺,并加工成2~3mm圆倒角。

### 10.3.6 钢纤维

用于水泥混凝土路面的钢纤维应满足现行《公路水泥混凝土纤维材料　钢纤维》(JT/T 524—2004)的相关规定。

### 10.3.7 接缝材料

(1)胀缝板宜选用能适应混凝土面板膨胀和收缩,施工时不易变形,弹性复原率高,耐久性良好的弹性塑料板、橡胶泡沫板或沥青纤维板。

(2)填缝料应具有与混凝土板缝壁黏结牢固、回弹性好、不溶于水、不渗水、高温时不挤出、不流淌、抗嵌入能力强、耐老化龟裂、负温拉伸量大、低温时不脆裂、耐久性好等性能。填缝料有常温施工式和加热施工式两种,常温施工式填缝料主要有聚(氨)酯、硅树脂类,氯丁橡胶、沥青橡胶类等;加热施工式填缝料主要有沥青玛蹄脂类、聚氯乙烯胶泥类、改性沥青类等。填缝材料应优先选用树脂类、橡胶类或改性沥青类填缝材料,并宜在填缝料中加入耐老化剂。

(3)填缝时应使用背衬垫条控制填缝形状系数。背衬垫条应具有良好的弹性、柔韧性、不吸水、耐酸碱腐蚀和高温不软化等性能。背衬垫条材料有聚氨酯、橡胶或微孔泡沫塑料等,其形状应为圆柱形,直径应比接缝宽度大 2~5mm。

### 10.3.8　其他材料

（1）用于胀缝传力杆端部的套帽应采用塑料或塑料管，厚度应为 1.0~2.0mm，要求端部密封不透水，内径较传力杆直径大 1.0mm，套帽长度 270mm，顶部空隙长度为 30mm。

（2）养生剂宜选用一级品，喷洒剂量不少于 0.3kg/m$^2$，不得使用易被雨水冲刷掉的和对混凝土强度有影响的养生剂。

## 10.4　配合比设计

（1）路面混凝土的配合比设计程序、方法应满足现行《公路水泥混凝土路面施工技术细则》（JTG/T F30—2014）的相关要求。

（2）路面混凝土的配合比设计应根据施工条件的不同（气温、施工机械、坍落度变化等）进行多组配合比设计，以确定不同施工条件下的混凝土配合比。

（3）进行路面混凝土的配合比设计时，水泥用量应按“弯拉强度”“工作性”“耐久性”“经济性”四项技术经济要求选定，即在满足“弯拉强度”“工作性”“耐久性”三项技术要求的前提下，以混凝土单位重量水泥用量最小为经济性评价标准；当采用强度等级为 42.5 的水泥时，水泥用量宜为 360~400kg/m$^3$，掺用粉煤灰时，最大胶材总量不宜大于 420kg/m$^3$。

（4）在进行配合比设计时，应针对减水剂品种和施工时的气温条件，按现行《公路水泥混凝土路面施工技术细则》（JTG/T F30—2014）要求选择混凝土坍落度，测试混凝土坍落度随时间延长的损失变化规律，以便指导路面混凝土的摊铺施工。

（5）当掺用引气剂时，通过含气量试验确定引气剂掺量。引气剂与减水剂或其他外加剂复配在同一水溶液中时，应注意它们的可共溶性，防止外加剂溶液发生絮凝、沉淀现象；如产生絮凝现象，应分别稀释、分别加入搅拌机拌匀。

（6）配合比设计流程如图 10-1 所示。

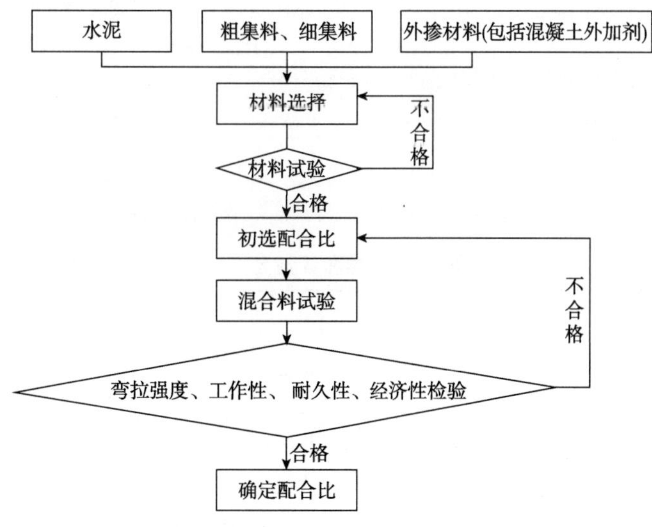


图 10-1　水泥混凝土配合比设计流程

## 10.5　试验段施工

（1）在正式摊铺混凝土面层前，必须铺筑试验段，试验段长度为 200~300m，高等级公路宜在主线进行试铺。试验段面层的铺筑应在拌和机经调整已达到性能稳定、滑模摊铺机性能状态良好、操作工人熟练的情况下进行,保证试验段能按生产路的条件施工,以总结经验指导正式施工。

(2)试验段铺筑前,必须做好相关前期准备工作,具备相应的施工条件,报建设单位或监理单位审批。

(3)施工单位在试验路段开始前 14d 提出铺筑方案,并报监理工程师审批。

(4)试验段分为试拌及试铺两个阶段,通过试验段应达到下述目的。

①通过试拌检验搅拌楼性能及确定合理搅拌工艺,检验适宜摊铺的搅拌楼拌和参数:上料速度,拌和容量,搅拌均匀所需时间,新拌混凝土坍落度、振动黏度系数、含气量、泌水性、VC 值和生产使用的混凝土配合比等。

②通过试铺检验主要机械的性能和生产能力,检验辅助施工机械组配合理性,检验面层摊铺工艺和质量:模板架设固定方式或基准线设置方式,摊铺机械(具)的适宜工作参数,包括松铺系数、摊铺速度、振捣时间与频率、滚压遍数、碾压遍数、压实度、中间和侧向拉杆置入情况等,检验整套施工工艺流程。

③试铺时,分时段取样进行坍落度试验,检查混凝土拌和物坍落度随施工时间延长的变化。

④检查锯缝机的性能,确定锯缝时间、刻槽时间与施工气温的关系,选择合理的锯缝深度和养护方法。

⑤根据试验路段确定的机械组合、进场设备数量和施工工期安排,进一步调整优化施工组织方案,调配机械设备,布设施工工点。同时总结现有配套机械系统的生产能力、搅拌楼产量,提出材料供应要求、铺筑进度,从而制订面层混凝土摊铺施工进度计划。

(5)对试铺面层各项技术指标进行检测,当技术要求符合设计或规范规定时,施工单位应编写试验段总结报告报监理工程师审查批准,并作为正式开工的依据,否则应重做试验段。

## 10.6 施工要点

### 10.6.1 拌和

(1)采用计算机自动控制系统的拌和站,并按需要打印拌和记录。粉煤灰或其他掺和料采用与水泥相同的输送、计量方式加入。粉煤灰混凝土的净拌和时间应比不掺的延长 10~15s。当同时掺用引气剂时,宜通过试验适当增大引气剂掺量,以达到规定含气量。

(2)每台搅拌楼在投入生产前,必须经过当地计量认证部门标定和试拌。在标定有效期满或搅拌楼搬迁安装后,均应重新标定。正常情况下,施工中应每 15d 校验一次搅拌楼计量精确度。搅拌楼配料计量偏差不得超过表 10-2 的规定。不满足时,应分析原因,排除故障,确保拌和计量精确度。

搅拌楼的混凝土拌和计量允许偏差　　表 10-2

| 材料名称 | 水泥 | 掺和料 | 钢纤维 | 砂 | 粗集料 | 水 | 外加剂 |
|---|---|---|---|---|---|---|---|
| 每盘(%) | ±1 | ±1 | ±2 | ±2 | ±2 | ±1 | ±1 |
| 累计每车(%) | ±1 | ±1 | ±1 | ±2 | ±2 | ±1 | ±1 |

(3)每次拌和站开机前,应测定各种规格的含水率,根据含水率、天气情况和运距调整用水量。

(4)应根据拌和物的黏聚性、均质性及强度稳定性试拌确定最佳拌和时间。一般情况下,单立轴式搅拌机总拌和时间宜为 80~120s,全部原材料到齐后的净拌和时间不宜短于 40s;行星立轴和双卧轴式搅拌机总拌和时间为 60~90s,净拌和时间不宜短于 35s;连续双卧轴搅拌楼的净拌和时间不宜短于 40s。最长总拌和时间不应超过高限值的 2 倍。

(5)混凝土拌和过程中,不得使用沥水、夹冰雪、表面沾染尘土和局部暴晒过热的集料。

(6)外加剂应以稀释溶液加入,其稀释用水和原液中的水量,应从拌和加水量中扣除。使用间歇搅拌楼时,外加剂溶液浓度应根据外加剂掺量、每盘外加剂溶液筒的容量和水泥用量计算得出。连续式搅拌楼应按流量比例控制加入外加剂。加入搅拌锅的外加剂溶液应充分溶解,并搅拌均匀。有沉淀的外加剂溶液,应每天清除稀释池中的沉淀物。

(7)应按试验段铺筑总结的参数,规范进料顺序;拌和引气混凝土时,应按拌和物含气量最大或较大时确定净拌和时间,每次拌和数量不应大于其额定容量的90%。

(8)混凝土拌和物出料温度宜控制在10~35℃。

(9)混凝土拌和物应均匀一致,有生料、干料、离析或外加剂、粉煤灰成团现象的非均质拌和物严禁用于路面摊铺。一台搅拌楼的每盘之间,各搅拌楼之间,拌和物的坍落度最大允许偏差为±10mm。拌和物坍落度应为最适宜摊铺的坍落度值与当时气温时运输坍落度损失值两者之和。

## 10.6.2 运输

(1)水泥混凝土的运输可使用自卸车,自卸车车厢应不漏浆、加设篷布,其配置数量应满足实际最快施工进度不停工待料的要求,其总运力应比总拌和能力略有富余;浇灌车及自卸车车厢不得存留结硬的混凝土和污染装运的混凝土。

(2)使用自卸车运输混凝土最远运输半径不宜超过20km。远距离运输混凝土时,宜选混凝土罐车。

(3)运输到现场的拌和物必须具有适宜摊铺的工作性。不同摊铺工艺的混凝土拌和物从搅拌机出料到运输、摊铺完毕的允许最长时间应符合表10-3的规定。不满足时应通过试验、加大缓凝剂或保塑剂的剂量。

**混凝土拌和物出料到运输、铺筑完毕允许最长时间** 表10-3

| 施工气温*(℃) | 到运输完毕允许最长时间(h) | | 到铺筑完毕允许最长时间(h) | |
|---|---|---|---|---|
| | 滑模 | 三辊轴、小型机具 | 滑模 | 三辊轴、小型机具 |
| 5~9 | 2.0 | 1.5 | 2.5 | 2.0 |
| 10~19 | 1.5 | 1.0 | 2.0 | 1.5 |
| 20~29 | 1.0 | 0.75 | 1.5 | 1.25 |
| 30~35 | 0.75 | 0.50 | 1.25 | 1.0 |

注:*指施工时间的日间平均气温,使用缓凝剂延长凝结时间后,本表数值可增加0.25~0.5h。

(4)超过表10-3规定摊铺允许最长时间的混凝土不得用于路面摊铺。混凝土一旦在车内停留超过初凝时间,应采取紧急措施处置,严禁混凝土硬化在车厢(罐)内。

(5)运输车辆在模板或导线区调头或错车时,严禁碰撞基准线,一旦碰撞,应告知测工重新测量纠偏。车辆倒车及卸料时,应有专人指挥,严禁碰撞摊铺机和前场施工设备及测量仪器。

## 10.6.3 滑模摊铺

1)摊铺准备

(1)混凝土摊铺前,基层表面应清扫干净,洒水湿润。

(2)所有施工设备和机具均应处于良好状态,并全部就位。

(3)横向连接摊铺时,前次摊铺面层纵缝的溜肩胀宽部位应切割顺直。侧边拉杆应校正扳直,缺少的拉杆应钻孔锚固植入。纵向施工缝的上半部缝壁应满涂沥青。

2)布料

(1)面层开始摊铺时,停留待卸的运料车所载混凝土数量应至少超过连续摊铺20m,摊铺机方可起步作业。

(2)滑模摊铺机前的正常料位高度应在螺旋布料器叶片最高点以下,亦不得缺料。卸料、布料应与摊铺速度相协调。

(3)当坍落度在10~50mm时,布料松铺系数宜控制在1.08~1.15之间。布料机与滑模摊铺机之间施工距离宜控制在5～10m。

(4)摊铺钢筋混凝土面层、桥面或搭板时，严禁任何机械开上钢筋网。

3)滑模摊铺机的施工参数设定及校准

(1)振捣棒下缘位置应在挤压板最低点以上，振捣棒的横向间距不宜大于450mm，均匀排列；两侧最边缘振捣棒与摊铺边沿距离不宜大于250mm。

(2)挤压底板前倾角宜设置为3°左右。提浆夯板位置宜在挤压底板前缘以下5～10mm之间。

(3)两边缘超铺高程根据拌和物稠度宜在3～8mm间调整。搓平梁前沿宜调整到与挤压板后沿高程相同，搓平梁的后沿比挤压底板后沿低1～2mm，并与路面高程相同。

(4)滑模摊铺机首次摊铺面层，应挂线对其铺筑位置、几何参数和机架水平度进行调整和校准，正确无误后，方可开始摊铺。

(5)在开始摊铺的5m内，应在铺筑行进中对摊铺出的面层高程、边缘厚度、中线、横坡度等参数进行复核测量。所摊铺的面层精确度应符合现行《公路水泥混凝土路面施工技术细则》(JTG/T F30—2014)规定值。

4)摊铺作业技术要点

(1)操作滑模摊铺机应缓慢、匀速、连续不间断地作业(可参考附图E-14)。摊铺速度应根据拌和物稠度、供料多少和设备性能控制在0.5～3.0m/min之间，一般宜控制在1m/min左右。拌和物稠度发生变化时，应先调振捣频率，后改变摊铺速度。

(2)应随时调整松方高度板控制进料位置，开始时宜略设高些，以保证进料。正常摊铺时，应保持振捣仓内料位高于振捣棒100mm左右，料位高低上下波动宜控制在±30mm之内。

(3)正常摊铺时，振捣频率可在6 000～11 000r/min之间调整，宜采用9 000r/min左右。应防止混凝土过振、欠振或漏振。根据混凝土的稠度大小，随时调整摊铺的振捣频率或速度。摊铺机起步时，应先开启振捣棒振捣2～3min，再缓慢平稳推进。摊铺机脱离混凝土后，应立即关闭振捣棒组。

(4)摊铺宽度大于7.5m时，若左右两侧拌和物稠度不一致，摊铺速度应按偏干一侧设置，并应将偏稀一侧的振捣频率迅速减小。

(5)滑模摊铺机满负荷时可铺筑的路面最大纵坡为：上坡5%；下坡6%。上坡时，挤压底板前仰角宜适当调小，并适当调轻抹平板压力；下坡时，前仰角宜适当调大，并适当调大抹平板压力。

(6)滑模摊铺机施工的最小弯道半径不小于50m；最大超高横坡不宜大于7%。

(7)单车道摊铺时，应视路面设计要求配置一侧或双侧打纵缝拉杆的机械装置。两个以上车道摊铺时，除侧向打拉杆的装置外，还应在假纵缝位置处配置拉杆自动插入装置。

(8)摊铺中的滑模摊铺机停机等料最长时间超过当时气温下混凝土初凝时间的4/5时，应将滑模摊铺机迅速开出摊铺工作面，并做施工缝。

(9)摊铺中经常检查振捣棒的工作情况和位置。路面出现麻面或拉裂现象时，必须停机检查或更换振捣棒。摊铺后，路面上出现发亮的砂浆条带时，必须调高振捣棒位置，使其底缘在挤压底板的后缘高度以上。

(10)软拉抗滑构造时表面砂浆层厚度宜控制在(4±1)mm，硬刻槽路面的砂浆表层厚度宜控制在2～3mm。

(11)养护5～7d后，方允许摊铺相邻车道，严禁重车在养护面层上行驶，且不得破坏养生覆盖物。

5)混凝土面层修整

(1)滑模摊铺过程中应采用自动抹平装置进行抹面。对少量局部麻面和明显缺料部位，应在挤压板后或搓平梁前，补充适量拌和物，由搓平梁或抹平板机械修整。

(2)人工操作修整时，应配备移动式凳桥。

(3)人工操作抹面抄平器，精整摊铺后表面的缺陷，不得在整个表面用加铺薄砂浆层修补路面高程。

(4)对打侧向拉杆时被挂坏的侧边；滑模摊铺机连续铺装桥面时上桥梁台阶，振捣漏料部位；抹平板未抹到的边缘;及出现倒边、塌边、溜肩现象等处,应顶侧模或在上部支方铝管,用人工边缘补料修整。左右连接摊铺的纵缝处应进行人工适量修整。

(5)对滑模摊铺机起步摊铺段及施工接头,应采用水平仪抄平,采用3m直尺边测边修整。

### 10.6.4 三辊轴机组摊铺

1)摊铺准备

(1)所有施工设备和机具均应处于良好状态,并全部就位。

(2)基层、封层表面应清扫干净、洒水湿润,但不得积水。

(3)设置模板。

①支模前在基层上应进行模板安装及摊铺位置的测量放样,纵横曲线路段应采用短模板,每块模板中点应安装在曲线切点上。

②模板应安装稳固、顺直、平整,无扭曲,相邻模板连接应紧密平顺,不得有底部漏浆、前后错茬、高低错台等现象。模板应能承受摊铺、振实、整平设备的负载行进、冲击和振动时不发生位移。严禁在基层上挖槽,嵌入安装模板。

③模板安装完毕后,应经过测量人员使用与设计板厚相同的测板作全断面检验,其安装精确度应符合表10-4的规定。

**模板安装精确度要求** 表10-4

| 检 测 项 目 | | 三辊轴机组 | 小型机具 |
|---|---|---|---|
| 平面偏位(mm),≤ | | 10 | 15 |
| 摊铺宽度偏差(mm),≤ | | 10 | 15 |
| 面板厚度(mm),≥ | 代表值 | -3 | -4 |
| | 极值 | -8 | -9 |
| 纵断面高程偏差(mm) | | ±5 | ±10 |
| 横坡偏差(%) | | ±0.10 | ±0.20 |
| 相邻板高差(mm),≤ | | 1 | 2 |
| 顶面接茬3m尺平整度(mm,≤) | | 1.5 | 2 |
| 模板接缝宽度(mm),≤ | | 3 | 3 |
| 侧向垂直度(mm),≤ | | 3 | 4 |
| 纵向顺直度(mm),≤ | | 3 | 4 |

④模板安装检验合格后,与混凝土拌和物接触的表面应涂脱模剂或隔离剂;接头应粘贴胶带或塑料薄膜等密封。

2)布料

卸料均匀,布料应与摊铺速度相适应。坍落度为10~40mm的拌和物,松铺系数为1.12~1.25。

3)振捣

混凝土拌和物布料长度大于10m时,应开始振捣作业。排式振捣机振实时,作业速度宜控制在4m/min以内。

4)拉杆安装

面板振实后,应随即安装纵缝拉杆。

5)整平

(1)三辊轴整平机按作业单元分段整平,作业单元长度宜为20~30m,振捣机振实与三辊轴整平两道工序之间的时间间隔不宜超过15min。

(2)三辊轴滚压振实的料位高差宜高于模板顶面5~20mm,过高时应铲除,过低时应及时补料。

(3)三辊轴整平机在一个作业单元长度内,应采用前进振动、后退静滚方式作业,一般为2~3遍。最佳滚压遍数应经试铺确定。

(4)在三辊轴整平机作业时,应及时处理轴前料位的高低情况,过高时,应辅以人工铲除,轴下有间隙时,应使用混凝土找补。

(5)滚压完成后,将振动辊轴抬离模板,用整平轴前后静滚整平,直到平整度满足要求,表面砂浆厚度均匀为止。

(6)表面砂浆厚度宜控制在(4±1)mm,三辊轴整平机前方表面过厚、过稀的砂浆必须刮除丢弃。

6)精平

应采用3~5m刮尺,在纵、横两个方向进行精平饰面,每个方向不少于2遍。也可采用旋转抹面机密实精平饰面2遍。刮尺、刮板、抹面机、抹刀饰面的最迟时间不得迟于表10-3规定的铺筑完毕允许最长时间。

### 10.6.5　小型机具摊铺

1)摊铺

(1)混凝土拌和物摊铺前,应按设计和规范要求架设模板,并对模板的位置、高度、顶面高程及支撑稳固情况,传力杆、拉杆的安设等进行全面检查。修复破损基层,并洒水润湿。用厚度标尺板全面检测板厚与设计值相符,方可开始摊铺。横向多块板面的收费广场,可采用跳仓法施工。

(2)专人指挥自卸车,尽量准确卸料。

(3)人工布料应用铁锹反扣,严禁抛掷和耧耙。人工摊铺混凝土拌和物的坍落度应控制在5~20mm之间,拌和物松铺系数宜控制在1.10~1.25之间,料偏干,取较高值;反之,取较低值。

(4)因故造成1h以上停工或达到2/3初凝时间,致使拌和物无法振实时,应在已铺筑好的面板端头设置施工缝,废弃不能被振实的拌和物。

2)振实

(1)采用人工插入式振捣棒振实,在待振横断面上,每车道路面应使用2根振捣棒,组成横向振捣棒组,沿横断面连续振捣密实,并应注意路面板底、内部和边角处不得欠振或漏振。

(2)振动板振实,在振捣棒已完成振实的部位,可用人工拖动平板振动器,纵横交错两遍全面提浆振实,每车道路而应配备1块振动板。

(3)振动梁振实,每车道路面应使用1根振动梁。振动梁应具有足够的刚度和质量,底部应焊接或安装深度4mm左右的粗集料压实齿,保证(4±1)mm的表面砂浆厚度。在振动梁拖振整平过程中,缺料处应用混凝土拌和物填补,不得用纯砂浆填补;料多余部位应铲除。

3)整平饰面

(1)每车道路面应配备1根滚杠(双车道两根)。振动梁振实后,应拖动滚杠往返2~3遍提浆整平。第一遍应短距离缓慢推滚或拖滚,以后应较长距离匀速拖滚,并将水泥浆始终赶在滚杠前方。多余水泥浆应铲除。

(2)拖滚后的表面宜采用3m刮尺,纵横各1遍整平饰面,或采用叶片式或圆盘式抹面机往返2~3遍压实整平饰面。

(3)在抹面机完成作业后,应进行清边整缝,清除黏浆,修补缺边、掉角。应使用抹刀将抹面机留下的痕迹抹平。精平饰面后的面板表面应无抹面印痕,致密均匀,无露骨,平整度应达到规定要求。

### 10.6.6　钢筋混凝土面层摊铺

(1)摊铺前,按设计图纸准确放样钢筋网的设置位置、面层板块、地梁和接缝位置等。

(2)进行钢筋网、边缘钢筋、角隅补强钢筋和支架钢筋的加工与安装。钢筋应采用支架安装。

(3)开铺前必须对所有在路面中预埋及后安装的钢筋结构作质量检验,验收合格后,方可开始铺筑。

(4)布料。

①连续配筋混凝土面层应采用钢筋网预设安装,整体一次布料。

②混凝土应卸在侧向布料机的料箱内,再由侧向布料机转运到摊铺位置。钢筋网上的混合料应由布料机均匀布料。

③坍落度相同时的布料松铺高度,宜比相应机械施工方式普通混凝土面层高10mm左右。

(5)摊铺。

①拌和物的坍落度可比相应摊铺方式普通混凝土面层规定大10~20mm。

②滑模摊铺机摊铺钢筋混凝土面层时,应适当减速摊铺或增大振捣频率。拌和物坍落度相同时,钢筋混凝土面层的振捣密实持续时间应比普通混凝土面层的规定时间延长5~10s。

③在一块钢筋网连续面板内,应防止摊铺中断,每块板内不应留施工缝,必须摊铺到达横缝位置或钢筋网片的端部,方可停止。

④摊铺被迫中断时,必须设置横向施工缝,纵向钢筋应保持连续,穿过接缝,并应用1倍数量的长度不小于2m的纵向钢筋作加密处理,横向施工缝距最近横缝的距离不应小于5m。

⑤连续配筋混凝土面层端部锚固可采用毛勒接缝形式,摊铺时应注意端部锚固结构的施工。

### 10.6.7 面层接缝

1)混凝土路面板块划分

(1)板块划分除应按设计的尺寸要求之外,还应将纵向施工缝与车道分划线或车道与硬路肩的分划线重合。

(2)当混凝土路面板紧靠路侧的防撞墙时,应采取刷沥青等措施使面层混凝土与防撞墙混凝土隔离,或将混凝土路面板横向缩缝与防撞墙的分节缝处对齐。

(3)匝道及变宽路面板块的划分:匝道路面纵缝应避开轮迹位置;在变宽路面的变宽起点处不宜切纵缝,须在离开起点5~10m处开始切纵缝;弯道纵缝应与路线中心线平行,小半径弯道的纵缝可由小折线组成,但折线接头处应准确相连。

2)纵缝施工

(1)当一次摊铺宽度小于路面和硬路肩总宽度时,应设纵向施工缝,位置应避开轮迹,并重合或靠近车道线,构造可采用平缝加拉杆型。当所摊铺的面板厚度大于等于260mm时,也可采用插拉杆的企口型纵向施工缝。纵向施工缝的拉杆可用摊铺机的侧向拉杆装置插入。采用固定模板施工方式时,应在振实过程中,从侧模预留孔中手工插入拉杆。

(2)当一次摊铺宽度大于4.5m时,应采用假缝拉杆型纵缝,即锯切纵向缩缝,纵缝位置应按车道宽度设置,并在摊铺过程中用专用的拉杆插入装置插入拉杆。

(3)钢筋混凝土面层、桥面和搭板的纵缝拉杆可由横向钢筋延伸穿过接缝代替。

(4)插入的侧向拉杆应牢固,不得松动、碰撞或拔出。若发现拉杆松脱或漏插,应在横向相邻路面摊铺前,钻孔重新植入。当发现拉杆可能被拔出时,宜进行拉杆拔出力(握裹力)检验。

3)横向缩缝施工

(1)每天摊铺结束或摊铺中断时间超过30min时,应设置横向施工缝,其位置宜与胀缝或缩缝重合,确有困难不能重合时,施工缝应采用设螺纹传力杆的企口缝形式。横向施工缝应与路中心线垂直。横向施工缝在缩缝处采用平缝加传力杆型。在胀缝处其构造与胀缝相同。

(2)普通混凝土路面横向缩缝宜等间距布置,不宜采用斜缝。不得不调整板长时,最大板长不宜大于6.0m,最小板长不宜小于板宽。

(3)在特重和重交通公路或路面自由端的3条缩缝应采用假缝加传力杆型。缩缝传力杆的施工方法可采用前置钢筋支架法或传力杆插入装置(DBI)法。钢筋支架应具有足够的刚度,传力杆应准确定位,摊铺之前应在基层表面放样,并用钢钎锚固,宜使用手持振捣棒振实传力杆高度以下的混凝土,然后机械摊铺。传力杆无防黏涂层一侧应焊接,有涂料一侧应绑扎。用DBI法置入传力杆时,应在路侧缩缝切割位置作标记,保证切缝位于传力杆中部。

(4)凝土面层横向缩缝均应采用切缝法施工。切缝作业应符合下列规定。

①横向缩缝的切缝方式有全部硬切缝、软硬结合切缝和全部软切缝三种,切缝方式的选用,应由面层摊铺完毕到切缝时的昼夜温差确定,可按表10-5选用。采用硬切缝时,宜按度时积180~200℃·h控制切缝,不宜迟切缝。

**根据施工气温所采用的切缝方式**　　表10-5

| 昼夜温差*(℃) | 切缝方式 | 缩缝切深 |
| --- | --- | --- |
| <10 | 宜全部硬切缝,最长时间不得超过24h | 硬切缝(1/4~1/5)板厚 |
| 10~15 | 软硬结合切缝,每隔1~2条提前软切缝,其余用硬切缝补切 | 软切深度不应小于60mm;不足者应硬切补深到1/3板厚,已断开的缝不补切 |
| >15 | 宜全部软切缝,抗压强度为1~1.5MPa,人可行走,软切缝不宜超过6h | 软切缝深大于等于60mm,未断开的接缝,应硬切补深到1/4板厚 |

注:*表示当降雨后刮风引起路面温度骤降,面板温差在表中规定范围内时,应按表中方法,及早切缝。

②对分幅摊铺的路面应在先摊铺的混凝土板横向缩缝已断开的部位做标记。在后摊铺的面层上应对齐已断开的横缩缝提前软切缝。

③切缝深度应为(1/3~1/4)板厚,最浅不得小于70mm。

4)胀缝设置与施工

(1)普通混凝土路面、钢筋混凝土路面的胀缝间距视集料的温度膨胀性大小、当地年温差和施工季节综合确定:高温施工,可不设胀缝;常温施工,集料温缩系数和年温差较小时,可不设胀缝;集料温缩系数或年温差较大,路面两端构造物间距大于等于500m时,宜设一道中间胀缝;低温施工,路面两端构造物间距大于等于350m时,宜设一道胀缝。邻近构造物、平曲线或与其他道路相交处的胀缝应按现行《公路水泥混凝土路面设计规范》(JTG D40—2011)的规定设置。

(2)普通混凝土面层的胀缝应设置胀缝补强钢筋和钢筋支架、胀缝板和传力杆。胀缝宽20~25mm,使用沥青或塑料薄膜滑动下封闭层时,胀缝板及填缝宽度宜加宽到25~30mm。距胀缝板顶部4~6cm处切缝,切缝深度是胀缝板厚度的4/5。胀缝的两侧粘贴塑料薄膜,以防胀缝板连浆,待混凝土达到设计强度时,取出顶部的4~6cm胀缝板,立即进行嵌缝施工。传力杆一半以上长度的表面应涂防黏涂层,端部应戴活动套帽,套帽材料与尺寸应满足要求。胀缝板应与路中心线垂直,缝壁垂直;缝隙宽度一致;缝中完全不连浆。

(3)胀缝应采用前置钢筋支架法施工,也可采用预留一块面板,高温时再铺封。前置法施工,应预先加工、安装和固定胀缝钢筋支架,并在使用手持振捣棒振实胀缝板两侧的混凝土后再摊铺。整平表面,胀缝应连续贯通整个路面板宽度。

5)灌缝

(1)混凝土板养生期满后,应及时灌缝。

(2)灌缝技术要求如下。

①应先采用切缝机清除接缝中夹杂的砂石、凝结的泥浆等,再使用大于等于0.5MPa压力的水和压缩空气彻底清除接缝中的尘土及其他污染物,确保缝壁及内部清洁、干燥。缝壁检验以擦不出灰尘为灌缝标准。

②使用常温聚氨酯和硅树脂等填缝料时,应按规定比例将两组份材料按一小时灌缝量混拌均匀后使用。

③使用加热填缝料时应将填缝料加热至规定温度。加热过程中应将填料融化,搅拌均匀,并保温使用。

④灌缝的形状系数宜控制在2左右,灌缝深度宜为15~20mm,最浅不得小于15mm。挤压嵌入直径

9~12mm 多孔泡沫塑料背衬条，再灌缝。气温较高时施工的灌缝，顶面应与板面齐平；气温较低时应填为凹液面，中心低于板面 1~2mm。填缝必须饱满、均匀、厚度一致并连续贯通，填缝料不得缺欠、开裂和渗水。

⑤常温施工式填缝料的养生期，低温天宜为 24h，高温天宜为 12h。加热施工式填缝料的养生期，低温天宜为 2h，高温天宜为 6h。在灌缝料养生期间应封闭交通。

(3)路面胀缝和桥台隔离缝等应在填缝前，取出顶部的 4~6cm 胀缝板，涂黏结剂后，嵌入胀缝专用多孔橡胶条或灌进适宜的填缝料；当胀缝的宽度不一致或有啃边、掉角等现象时，必须用填缝料灌缝。

### 10.6.8　抗滑构造施工

(1)抗滑构造技术要求。

①混凝土面层完成时的表面抗滑技术要求应符合现行《公路水泥混凝土路面施工技术细则》(JTG/T F30—2014)的规定。

②构造深度应均匀，不损坏构造边棱，耐磨抗冻，不影响路面和桥面的平整度。

(2)抗滑构造施工。

①混凝土路面应采用硬刻槽，为降低噪音宜采用非等间距纵向刻槽，尺寸宜为：槽深 3~5mm，槽宽 3mm，槽间距在 12~24mm 之间随机调整。路面结冰地区，硬刻槽的形状宜使用上宽 6mm、下窄 3mm 的梯形槽；硬刻槽机重量宜重不宜轻，一次刻槽最小宽度不应小于 500mm，硬刻槽时不应掉边角，亦不得中途抬起或改变方向，并保证硬刻槽到面板边缘。混凝土抗压强度达到 40%后可开始硬刻槽，并宜在两周内完成。

②一般路段可采用横向槽或纵向槽，在弯道或要求减噪的路段宜使用纵向槽。

③年降雨量小于 250mm 地区的混凝土路面，可不拉毛和刻槽。年降雨量为 250~500mm 的地区，当组合坡度小于 3%时，可不拉毛与刻槽。高寒和寒冷地区混凝土路面的停车带边板和收费站广场，可不制作抗滑沟槽。

(3)新建路面或旧路面抗滑构造不满足要求时，可采用硬刻槽或抛丸打毛等方法加以恢复。

### 10.6.9　养生

(1)混凝土面层铺筑完成或软作抗滑构造施工完毕后，应立即开始养生，宜采用喷洒养生剂同时保湿覆盖的方式养生。在雨天或养生用水充足的情况下，也可采用覆盖保湿膜、土工毡、土工布、麻袋等洒水方式湿养生，不宜使用围水方式养生。

(2)混凝土路面采用喷洒养生剂养生时，喷洒应均匀、成膜厚度应足以形成完全密闭水分的薄膜，喷洒后的表面不得有颜色差异。喷洒时间宜在表面混凝土泌水完毕后进行。喷洒高度宜控制在 0.5~1m。应使用一级品养生剂，最小喷洒剂量不得少于 0.3kg/m$^2$；合格品的最小喷洒剂量不得少于 0.35kg/m$^2$。不得使用易被雨水冲刷掉的和对混凝土强度、表面耐磨性有影响的养生剂。

(3)使用土工毡、土工布、麻袋等覆盖物保湿养生时，应及时洒水，保持混凝土表面始终处于潮湿状态，并由此确定每天的洒水遍数。昼夜温差大于 10℃以上的地区或日平均温度小于等于 5℃施工的混凝土路面时，采用保湿膜养生。

(4)养生时间应根据混凝土弯拉强度增长情况而定，不宜小于设计弯拉强度的 80%，特别注重前 7d 的保湿(温)养生。一般养生天数宜为 14~21d，高温天不宜少于 14d，低温天不宜少于 21d。掺粉煤灰的混凝土面层，最短养生时间不宜少于 28d，低温天应适当延长。

(5)养生初期，应封闭交通，在达到设计强度 40%后，行人方可通行。面板达到设计弯拉强度后，方可开放交通。

### 10.6.10　施工工艺流程

水泥混凝土面层施工工艺流程如图 10-2 所示。

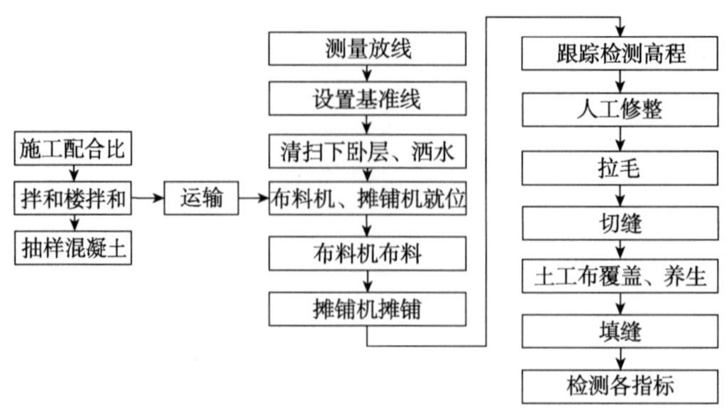


图 10-2　水泥混凝土面层施工工艺流程

## 10.7　质量控制

(1)混凝土原材料的检测项目、频率和质量要求应符合现行《公路水泥混凝土路面施工技术细则》(JTG/T F30—2014)的相关规定。

(2)混凝土拌和物的检测项目、频率和质量要求应符合现行《公路水泥混凝土路面施工技术细则》(JTG/T F30—2014)的相关规定。

(3)施工过程中混凝土面层的检测项目、频率和质量要求应符合表 10-6 的规定。

**混凝土路面面层质量要求**　　表 10-6

| 检 查 项 目 | | 质量要求或允许误差 | 检 测 频 率 |
|---|---|---|---|
| 弯拉强度(MPa) | | 符合现行《公路水泥混凝土路面施工技术规范》(JTG/T F30—2014)的规定 | 按现行《公路工程质量检验评定标准 第一册　土建工程》(JTG F80/1—2004)执行 |
| 板厚度 | 代表值 | -3 | 2 处/(200m · 车道) |
| | 合格值 | -6 | |
| 平整度 | $\sigma$(mm) | 1.0 | 全线每车道连续检测,每 100m 计算 $\sigma$、*IRI*;单点:随机 100m 计算 $\sigma$、*IRI* |
| | 单点 $\sigma$(mm) | 1.5 | |
| | *IRI*(m/kn) | 1.7 | |
| 抗滑构造深度(mm) | | 一般路段不小于 0.7 且不大于 1.1;特殊路段不小于 0.8 且不大于 1.2 | 1 处/200m |
| 相邻板高差(mm) | | 2 | 抽量:每条胀缝 2 点;每 200m 抽纵、横缝各 2 条,每条 2 点 |
| 纵、横缝顺直度(mm) | | 10 | 纵缝 20m 拉线,每 200m 4 处;横缝沿板宽拉线,每 200m 4 条 |
| 中线平面偏位(mm) | | 20 | 4 点/200m |
| 路面宽度(mm) | | ±20 | 4 处/200m |
| 纵断面高程(mm) | | ±10 | 4 断面/200m |
| 横坡(%) | | ±0.15 | 4 断面/200m |

注:1. 水泥混凝土面层质量要求来自现行《内蒙古自治区公路工程质量控制标准　土建工程》(DB 15/T 441—2008)。

2. 表中 $\sigma$ 为平整度仪测定的标准差;*IRI* 为国际平整度指数。

## 10.8 质量问题的防治与管理措施

1)裂缝防治及管理措施

①浇筑面板混凝土时,应对基层进行充分的洒水湿润。

②在施工中应设置伸缩缝,对混凝土面板进行及时切割。

③对基层的裂缝应及时处理,使基层表面平整,在浇筑面层前杜绝基层产生裂缝。

④严格控制开放交通时间,及时洒水、养护,初凝后覆盖透水土工布养生。

2)水泥混凝土面板断裂防治与管理措施

①严格掌握切缝时间,避免由于混凝土的收缩而产生断板。

②对轻微断板可采用粘缝处理,应根据施工季节、断板程度、施工工艺选用不同的施工方法。

③及时对水泥混凝土路面的各种缝隙进行灌缝,防止各种地面水进入水泥混凝土路面结构内部,避免断板。

3)水泥混凝土面板块状脱落防治与管理措施

①延长拆模时间,确保水泥混凝土路面施工的拆模时间在24h以上。

②重视水泥混凝土路面板的边缘养生,做到混凝土面板的充分养生。

③在对第二幅混凝土板进行施工时,须在已浇好的一幅板边上垫一块防振板。

④任用拆模经验丰富的技术工人,拆装时严禁用大锤对钢模进行敲打。

⑤加强交通管制,禁止车辆驶入未到养生期的混凝土面板。

# 11　水泥混凝土桥面沥青铺装层

## 11.1　一般规定

(1)水泥混凝土桥面防水黏结层宜采用结构性防水黏结层。

(2)铺装沥青层的下卧层必须满足平整、粗糙、整洁的要求,桥面纵横坡应满足要求。

(3)水泥混凝土桥面在防水黏结层施工前,应进行桥面板处理,清除浮浆,除去过高的突出部位并应经过验收合格。

(4)铺设桥面铺装必须确保混凝土完全干燥,严禁在潮湿条件下铺设防水黏结层及摊铺沥青混合料,防止混凝土中的水分在施工或使用过程中遇热变成水汽使防水黏结层产生鼓包。

(5)桥头搭板黏结层应与桥面防水黏结层同步施工,技术要求与桥面防水黏结层相同。

(6)为避免桥梁结构其他部位遭受污染,应采用塑料薄膜和胶粘带事先覆盖。

(7)桥面防水黏结层宜在干燥和气温较高的天气施工,应避免雨、雾等影响。气温低于10℃时,不得进行施工。

(8)桥面防水黏结层应在桥面沥青铺装层施工前1~2d内进行施工,不宜过早。

(9)桥面防水黏结层施工结束后,立即进行封闭管理,杜绝后期污染。

## 11.2　桥面板处理

### 11.2.1　施工准备

(1)桥面板处理施工前的技术、机械、试验检测仪器、料场与材料及作业面等各项准备,应符合本分册第2章2.2~2.6节的相关规定。

(2)按不同的工艺配备相应的机械设备。抛丸工艺应配备抛丸机,精铣刨工艺应配备铣刨机、自卸车等。

(3)桥面板处理施工前应对水泥混凝土桥面进行检查与验收,如有脱空、破损、开裂等问题,应及时处理。

(4)正式施工前,应选择一段桥面进行试验段施工,确定相应的处理工艺。

### 11.2.2　施工要点

(1)桥面板处理宜采用抛丸、精铣刨等方式,也可采用人工凿毛的方式,处理后应满足水泥混凝土桥面处理质量控制标准。如原桥面板提浆过多无法满足抛丸露骨率要求时,应采用精铣刨进行处理。

(2)抛丸施工。

①抛丸机按照试验段确定的行走速度匀速行驶。

②多台抛丸机作业采用并行直线连续抛丸方式,两台机械作业宽度重叠1~5cm,使搭接的部位保持平整(可参考附图E-15)。

③抛丸露骨率应不小于20%,若达不到规定的露骨率时应进行二次抛丸。

④抛丸处置后的表面应有均匀的粗糙度和良好的清洁度。

⑤抛丸处置后应尽快进行防水黏结层的施工,减少二次污染。

⑥抛丸无法处置的边角等部位,可采用手推式打磨机补充处置。

⑦油污、锈迹、杂物、尘土应清理、清扫干净,防止施工过程中污染。

⑧桥面应平整,钢筋头突起物应凿除,以免影响抛丸设备出现漏砂等现象。

⑨对抛丸处置后,桥面暴露出来的裂缝、孔洞等缺陷,应采用水泥浆或环氧树脂等修复。若桥面出现严重龟裂,应返工处理。

(3)精铣刨施工。

①按照设备型号确定适宜的工作宽度,铣刨机行走速度按试验段确定的方案执行。

②一般铣刨深度为3~5mm。

③由于桥面不平整造成露白部分宜采用窄幅铣刨机补铣刨,或用抛丸机进行处置。

④作业面重叠宽度10~20cm,搭接部分应保持平整(可参考附图E-16)。

⑤铣刨渣清扫,自卸车随铣刨机行驶,同步进行接料清理,等铣刨面干燥后,用小型清扫机和人工进行清扫,用空压机强风吹净,保证接口清洁、干净。

⑥油污、锈迹、养护剂、尘土应清理干净,防止施工过程中二次污染。

⑦桥面应平整,突出物应凿除,不使铣刨机发生空刀。

⑧对铣刨处置后所暴露出来的裂缝、孔洞等缺陷,应采用水泥浆或环氧树脂等修复。若桥面铺装出现严重龟裂,应返工处理。

### 11.2.3 质量控制

经处理后的混凝土桥面应洁净、干燥并具有一定粗糙度,满足表11-1规定。

水泥混凝土桥面处理质量控制标准 表11-1

| 检查项目 | 质量控制标准 | 检查方法和频率 |
| --- | --- | --- |
| 平整度(mm) | 没有明显突起或下凹,3m直尺最大间隙不大于5,高程偏差不大于15 | 需要时 |
| 清洁度 | 指触无明显灰尘 | 目测 |
| 露骨率(限抛丸)(%) | 大于20 | 随机检测,露骨率采用标准板法 |

## 11.3 桥面防水黏结层施工

桥面防水黏结层类型主要有:热喷SBS改性沥青+碎石、SBS改性乳化沥青+米砂、橡胶沥青+碎石、环氧沥青等。可根据当地工程经验、气候条件、材料供应、施工机具等选择其中一种类型施工。具备条件时,应积极采用环氧沥青等新材料,环氧沥青黏结层只有在水泥混凝土桥面板干燥、清洁、气温高于15℃,且确认当天施工期间不会出现雨、雾天气时,方可进行黏结层的施工。

### 11.3.1 材料要求

(1)防水黏结材料宜采用热喷SBS改性沥青、SBS改性乳化沥青、橡胶沥青等材料。

(2)桥面防水黏结层用改性沥青及改性乳化沥青应满足现行《公路沥青路面施工技术规范》(JTG F40—2004)的要求;橡胶沥青技术要求应符合第9章表9-2规定。

(3)桥面防水黏结层用粗集料应采用石质坚硬、清洁、不含风化颗粒、近立方体颗粒的碎石,应选用反击式破碎机轧制的碎石,宜采用玄武岩集料,质量应符合现行《公路沥青路面施工技术规范》(JTG F40—2004)的相关规定。

### 11.3.2 施工准备

(1)桥面防水黏结层施工前的技术、机械、试验检测仪器、料场与材料及作业面等各项准备,应符合本分册第 2 章 2.2～2.6 节的相关规定。

(2)桥面板表面应密实、无浮浆、干燥,不能有钢筋、集料等尖锐突出物,桥面板处理符合规定。

(3)桥面板表面应平整,凹凸高差宜不大于 5mm。

(4)防水黏结层正式施工前,应做长度 20～50m 的试验段,检验总结施工机械性能、材料洒(撒)布方法、碾压方案和养生措施以及质量检查等内容。

### 11.3.3　施工要点

1)沥青喷洒

(1)改性乳化沥青在常温下喷洒,热喷改性沥青宜在温度 165～175℃、橡胶沥青宜在温度 180～190℃条件下,用沥青洒布车均匀喷洒在经过处理且干燥的桥面上(可参考附图 E-17)。喷洒时应注意洒布车起步和停车以及搭接处的喷洒数量,既不漏喷也不多喷。喷洒数量可参考表 11-2 的规定。

桥面防水黏结层材料规格及用量　　表 11-2

| 防水黏结层类型 | 防水材料 | | 集料 | |
|---|---|---|---|---|
| | 名称 | 洒布量(kg/m²) | 规格(mm) | 撒布量 |
| 热喷 SBS 改性沥青+碎石 | SBS 改性沥青 | 1.3～1.6 | 4.75～9.5 | 覆盖 70%～80% |
| SBS 改性乳化沥青+碎石 | SBS 改性乳化沥青 | 0.4～0.5 | 2.36～4.75 | (2～3)m³/100m² |
| 橡胶沥青+碎石 | 橡胶沥青 | 1.5～2.0 | 9.5～13.2 | 覆盖 70%～80% |

注:SBS 改性乳化沥青洒布量应折算成纯沥青计算。

(2)沥青喷洒前在桥面上放置固定面积的搪瓷盘,喷洒后测定盘中洒入沥青数量,测定沥青洒布量。测点处应做好补洒工作。

(3)为精确有效地控制喷洒量,应设专人根据在喷洒车上设定的流量和单位面积喷洒量及喷洒宽度,事先计算沥青智能洒布车行车的速度。在喷洒过程中,洒布车应按此行车速度进行喷洒。旁站监理应及时督导。

2)集料撒布

(1)沥青洒布后应立即用集料撒布车按表 11-2 规定的数量撒布集料。集料应撒布均匀,搭接处不漏撒也不多撒。

(2)热喷改性沥青和橡胶沥青防水黏结层用集料,可用集料质量 0.2%～0.3%的沥青预裹覆处理。

(3)一个施工段施工完成后,根据撒布总量检查集料的平均撒布量。

(4)当桥面防水层采用改性乳化沥青材料时,为防止铺装层施工时运输车辆与摊铺机械破坏防水层,沥青喷洒后应立即在桥面防水层表面均匀撒布碎石保护层,碎石规格、集料撒布量满足表 11-2 的要求。

(5)防水黏结层施工也可采用一体化联合撒布车进行,具体用量满足表 11-2 要求。

3)碾压

集料撒布后立即用轮胎压路机均匀碾压 3 遍,每次碾压重叠 1/3 轮宽,碾压要求两侧到边,确保有效压实宽度。

4)养生

桥面防水黏结层施工完毕后应养护 24h 以上,经检查防水黏结层风干后,方可进行沥青混合料铺装层的施工。在铺筑桥面铺装层前应控制机动车通行,禁止人员踩踏。

### 11.3.4　质量控制

(1)施工过程中应随时进行外观检查,发现不满足要求时应立即停止施工,查找原因、采取措施后再恢复施工,对不满足要求部分应及时修补。

(2)桥面防水黏结层施工过程中检查标准、试验方法及检查频率应符合现行《公路工程质量检验评定标准 第一册 土建工程》(JTG F80/1—2004)和表 11-3 的规定。

桥面防水黏结层施工过程中检验标准　　表 11-3

| 检查项目 | 检查频率 | 质量要求 | 检查方法 |
|---|---|---|---|
| 外观检查 | 随时检查 | 外观均匀一致,与桥面板表面牢固黏结,不起皮 | 目测为主 |
| 沥青 | 每批检查 1 次 | 符合现行《公路沥青路面施工技术规范》(JTG F40—2004)规定 | 按现行《公路工程沥青及沥青混合料试验规程》(JTG E20—2011)执行 |
| 沥青洒布量 | 1 组/1 000$m^2$ | 满足设计要求 | 洒布时采用固定容器收集 |
| 集料撒布量 | 每施工段 1 次 | 满足设计要求 | 每施工段总量检查 |

## 11.4 桥面沥青铺装层施工

### 11.4.1 材料要求

桥面沥青铺装层施工材料满足第 7 章热拌沥青混合料相关要求。具备条件时,通过科学试验、试铺成功后,应积极采用环氧沥青混凝土等新材料,以提高桥面铺装的使用性能和耐久性。

### 11.4.2 施工准备

桥面沥青铺装层施工前的技术、机械、试验检测仪器、料场与材料及作业面等各项准备,应符合本分册第 2 章 2.2~2.6 节的相关规定。

### 11.4.3 施工要点

(1)桥面沥青铺装层施工工艺与同一路段沥青面层基本相同。为确保桥面沥青铺装层的压实度及密水效果,摊铺速度以正常路面段的 80%为宜。

(2)桥面沥青铺装下层施工,应按设计做好桥面碎石盲沟的预留,保证桥面排水系统的完善。

(3)桥面铺装的复压宜采用轮胎压路机或钢轮压路机进行(可参考附图 E-18),经试验或经验证明不致损坏桥梁结构时,也可采用振动压路机碾压。无论如何,应采取一切技术措施确保铺装层的压实度和渗水系数,特别是桥面铺装的边缘部分。

(4)桥面伸缩缝预留槽下部应采用碎石填塞、上部采用沥青混合料进行摊铺压实,高程应与桥面板一致。

(5)采用环氧沥青混凝土等新材料时,必须通过科学试验、试铺,制订合理的、充分的施工方案,具备充分的技术准备。

### 11.4.4 质量控制

(1)桥面沥青铺装层原材料和混合料质量控制应满足第 7 章 7.7 节要求。桥面沥青铺装层铺筑过程中必须随时对铺筑质量进行检查,质量检查的内容、频度、允许差应符合表 11-4 的规定。

桥面沥青铺装层质量控制标准　　表 11-4

| 检查项目 | 质量要求 | 检查频率 |
|---|---|---|
| 压实度 | 在合格标准内 | 按现行《公路工程质量检验评定标准 第一册 土建工程》(JTG F80/1—2004)执行 |
| 厚度(mm) | +10,-5 | 以同梁体产生相同下挠变形的点为基准点,测量桥面浇筑前后相对高差;每 100m 测 5 处 |

续上表

| 检查项目 | | 质量要求 | 检 查 频 率 |
|---|---|---|---|
| 平整度 | *IRI*(m/km) | 1.5 | 全桥每车道连续检测,每100m计算*IRI*或$\sigma$ |
| | $\sigma$(mm) | 0.9 | |
| 横坡(%) | | ±0.3 | 3断面/100m |
| 抗滑构造深度 | | 满足设计要求 | 3处/200m |

注:1. 桥面沥青铺装层质量要求来自现行《内蒙古自治区公路工程质量控制标准　土建工程》(DB 15/T 441—2008)。
2. 桥长不足100m者,按100m处理。
3. 对高速公路、一级公路上的小桥(中桥视情况)可并入路面进行评定。
4. 平整度:专指特大桥;大、中、小桥可并入路面进行评定。

(2)施工过程中随时进行外观(色泽、油膜厚度、表面空隙等)检查,发现铺装层局部渗水、严重离析时,必须采取补救措施。

(3)对桥面沥青铺装层的渗水系数和压实度进行重点检查,其中渗水系数的检测频率应为正常路面段的两倍以上。

(4)铺筑桥面沥青铺装层施工过程中需对桥面防水黏结层的效果进行评定,确认防水黏结层完整性和不透水性,并与桥面板黏结良好。

(5)桥面沥青铺装层施工过程中如发现“油斑”或局部光面时,应检查油石比、矿料级配是否偏离设计,拌和是否均匀,有无纤维、矿粉结团和用量偏离设计等情况,严重者应予铲除,并调整配合比。

(6)桥面沥青铺装层与路面连接部位,应连接平顺。

# 12 隧道路面

## 12.1 一般规定

(1)本章隧道路面是指水泥混凝土隧道路面和复合式隧道路面的施工技术要求,包括铺底施工与面层施工两个阶段。当采用复合式隧道路面时,为改善施工环境,加强人身安全和施工安全, 沥青层宜采用温拌沥青混合料;同时强化沥青层的阻燃性能,以加强运营安全。

(2)铺底混凝土应及时进行施工,可半幅浇筑,以改善洞内交通状况和施工环境,但接缝应平顺,做好防水处理。

(3)铺底施工应在拱墙混凝土及二次衬砌施工前完成,宜保持超前3倍以上衬砌循环作业长度,以利于衬砌台车模筑混凝土施工,铺底施工与掌子面距离不超过60m。

(4)隧道路面施工宜在排水系统施工完成后进行,施工过程应确保排水设施完好,排水通畅。采取防火措施,制订切实可行的消防和疏散预案。隧道洞外转向车道水泥混凝土路面应和洞内统筹安排施工,同步完成。

(5)隧道底部,超挖在允许范围内,应采用与衬砌相同强度等级混凝土浇筑;超挖大于规定时,应按设计要求回填,不得用洞渣随意回填,严禁侵入衬砌断面(或仰拱断面)。

(6)隧道路面施工过程中,隧道内必须保持良好通风,并应设置满足施工需要的照明系统。为保证洞内空气质量,路面施工进洞的各类施工机械与车辆,应配置带净化装置的柴油动力,汽油动力机械不宜进洞。

(7)各种施工机械应满足隧道净空的要求,选用宽度较窄的摊铺机铺筑,运料车应能完全卸料,具有足够的行车通道。

(8)水泥混凝土路面应根据施工组织设计连续浇筑;在浇筑过程中,应保证已铺设路面地段修整、防护、养生等作业正常进行。水泥混凝土路面强度未达到设计要求时,不得开放交通。

## 12.2 水泥混凝土隧道路面

(1)水泥混凝土隧道路面的施工准备、材料要求、配合比设计、试验段施工、施工要点和质量控制等各项工作应符合第10章水泥混凝土路面施工要求的相关规定。

(2)铺底施工要点。

①铺底施工前应清除积水、杂物、虚渣等。

②铺底混凝土配比应准确,必须使用模板、机械捣固密实。

③铺底施工时,应按图纸要求预埋横向盲沟、拱脚纵横向排水管排水设施,并注意设置与二次衬砌贯通的变形缝。

④铺底施工过程中应采取措施保证洞内临时交通通畅。可采用搭过梁或栈桥施工方案,设临时车辆通行平台保证不中断运输。

⑤铺底混凝土强度达到设计强度100%后,方可允许车辆通行。

⑥铺底混凝土施工工艺流程如图12-1所示。

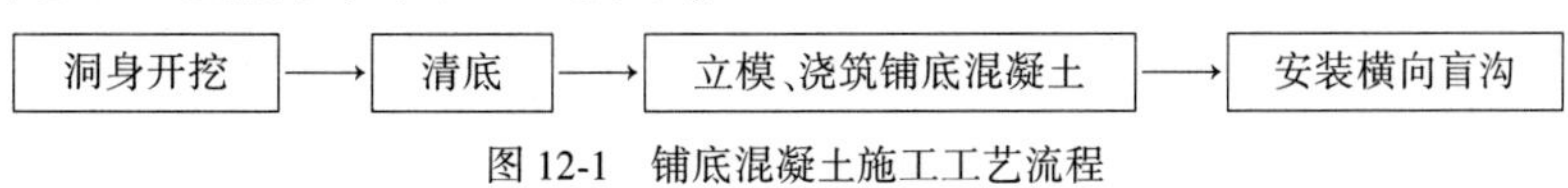


图12-1 铺底混凝土施工工艺流程

(3)隧道水泥混凝土面层施工工艺流程如图12-2所示。

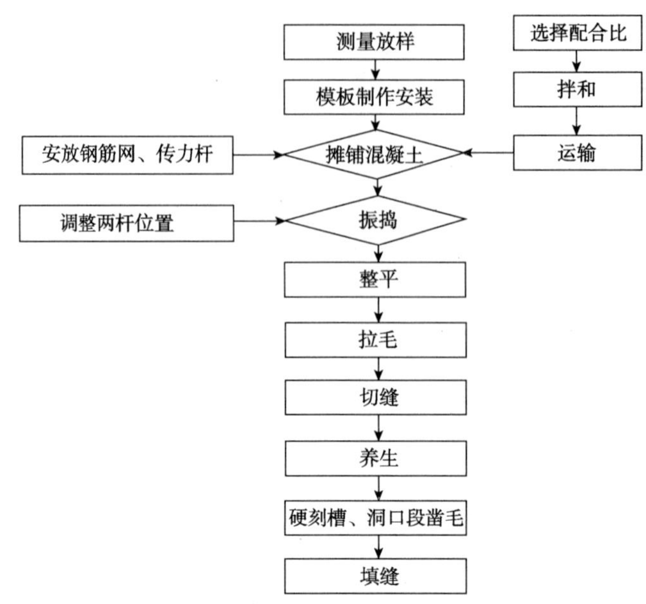


图12-2　隧道水泥混凝土面层施工工艺流程

(4)面层施工要点。

①基底处理。

路面施工前应对调平层进行专项报验,其几何尺寸、高程、纵横向坡等均应满足设计及规范要求,表面应冲洗干净、不积水,且排水系统良好。当调平层产生纵、横向断裂、挤碎、隆起、碾坏或大面积高程偏高而影响路面厚度时,应挖除修复;当调平层只是局部小面积高程偏高影响路面厚度时,应予以凿除处理,确保面板厚度。

②模板安装。

A.路面施工模板应采用强度、刚度足够的槽钢,模板高度应与面板设计厚度一致,模板长度宜为3~5m。

B.模板安装前,应按模板支立边线,将基层与模板的接触带整平,然后沿立模边线将其贴立在基层顶面,对个别不平整处采取支持措施,并用砂浆填塞;模板之间采用螺栓连接,使接头连接紧密;模板侧面每米应埋设1处地锚牢固支撑,保证在浇筑混凝土时能经受冲击和振动。

C.模板应安装稳固,接头紧密平顺,不得有离缝、前后错茬、高低错台等现象。禁止在基层上挖槽,嵌入安装模板。模板底部悬空处用砂浆封堵,模板接头和拉杆插入孔用塑料薄膜等密封,以免漏浆。模板与混凝土的接触表面应涂隔离剂。

D.模板安装完毕,应对立模的平面位置、高程、横坡、相邻板高差、顶面接茬平整度等安装精确度进行全面检查。

③混凝土摊铺。

A.混凝土摊铺前,基层表面应清扫干净,并应洒水湿润,但不得积水。

B.应由专人指挥车辆均匀卸料。布料应与摊铺速度相适应,摊铺厚度应考虑振实预留高度(数据由铺筑混凝土试验段确定)。

④混凝土振捣。

当布料长度大于10m时,可开始振捣作业。采用排式振捣机连续拖行振实时,应匀速缓慢、连续不间断地振捣行进,作业速度应视作业效果确定(以拌和物表面不露粗集料,液化表面不再冒气泡并泛出水泥浆为准),但宜控制在4m/min以内。当采用密排振捣棒组间歇插入振实时,每次移动距离不宜超过振捣棒有效作用半径的1.5倍,且不得大于50cm,振捣时间宜为15~30s。同时应使用2根手持振捣棒,对靠近模板、钢筋位置等不易振实部位辅以插入式振捣棒振实。

⑤整平。

A.混凝土经振捣机振实后，应立即用三辊轴进行提浆和整平。三辊轴滚压整平时，应有专人处理轴前料位的高低情况，过高时应辅以人工铲除，轴下有间隙时，应使用混凝土找补。

B.三辊轴整平后，表面宜采用横向通长的铝合金刮尺往返 2~3 遍进行精确刮平，使混凝土表面的平整度达到要求后进行清边整缝，清除黏浆，修补缺边、掉角。

C.混凝土用直尺刮平后，待其表面泌水完毕后及时进行精平，以保证路面表面平整度。

⑥拉毛。

精平完成后，必须再拉毛处理，以恢复细部抗滑构造。

⑦接缝施工。

A.纵缝施工。

a.为便于水泥混凝土路面标线，隧道路面纵缝应设置在中心线左侧 10cm。

b.横向面板连接摊铺前，若有发现因跑模而引起纵向施工缝不顺直的，应弹线用切割机进行切割顺直；对模板底部漏浆混凝土也应凿除清理；侧边拉杆应校正扳直，若发现拉杆松脱或漏插，应钻孔重新植入。

c.横向面板连接摊铺时，应在纵向施工缝上半部涂满沥青，然后硬切缝并填缝。

d.在面板振实过程中，应随即安装纵缝拉杆。为使拉杆安装牢固、水平、居中，并与接缝垂直，应用手持振动棒边振捣边调整拉杆，使之满足要求。

B.横向缩缝施工。

a.路面横向缩缝一般有两种，一种为不设传力杆假缝型，一种为假缝加传力杆型，均应采用切缝法施工。无传力杆缩缝的切缝深度为(1/4~1/5)板厚，最浅不得小于 60mm；有传力杆缩缝的切缝深度应为(1/3~1/4)板厚，最浅不得小于 70mm。

b.缩缝传力杆的施工方法应采用前置钢筋支架法，钢筋支架应具有足够的刚度，传力杆应准确定位，摊铺之前应在基层表面放样，并用钢钎锚固，宜使用手持振捣棒先振实传力杆高度以下的混凝土，然后再摊铺上层混凝土。传力杆无防黏涂层一侧应焊接，有涂料一侧应绑扎。

C.横向施工缝施工。

每天摊铺结束或摊铺中断时间超过 30min 时，应设置横向施工缝，其位置宜与胀缝或缩缝重合，横向施工缝在缩缝处采用平缝加传力杆，施工缝传力杆施工方法同缩缝传力杆。在胀缝处其构造按普通胀缝处理即可。

D.胀缝设置与施工。

隧道进出口应按要求设置胀缝，洞内需要设置胀缝时，应结合洞内衬砌沉降缝设置。

胀缝应采用前置钢筋支架法施工。前置法施工，应预先加工、安装和固定胀缝钢筋支架，并在使用手持振捣棒振实胀缝板两侧的混凝土后再摊铺。宜在混凝土未硬化时，剔除胀缝板上部混凝土，嵌入(20~25)mm×20mm 的木条，整平表面。胀缝板应连续贯通整个路面板宽度。

E.灌缝。

水泥混凝土面板养生期满后，应及时灌缝，灌缝前应先采用切缝机清除接缝中的杂物，再使用压力水和压力空气彻底清除接缝中的尘土及其他杂物，确保缝壁及内部清洁、干燥。

根据设计图纸要求，接缝填缝料必须采用橡胶沥青类，胀缝接缝板采用沥青纤维类或橡胶泡沫板，其各项指标必须满足规范要求。填缝必须饱满、均匀、厚度一致并连续贯通，填缝料不得缺失、开裂和渗水。

⑧抗滑构造施工。

路面水泥混凝土抗压强度达到 40%后即可开始硬刻槽，并宜在两周内完成。刻槽深度应为 2~4mm，宽度 3~5mm，槽间距 15~25mm。硬刻槽后应随即将路面冲洗干净，并恢复路面的养生。

⑨养生。

一般在水泥混凝土路面拉毛 2h、表面具有一定强度后立即覆盖土工布进行保湿养生，一般保湿养生天数宜为 14~21d，高温天气不宜少于 14d，低温天气不宜少于 21d。养生期间，禁止车辆和人员在其上行走。

## 12.3　复合式隧道路面

(1)复合式隧道路面的施工技术要求，包括铺底施工与面层施工两个阶段，其中，面层施工包括水泥混凝土面层与沥青混合料面层。

(2)在隧道内铺筑沥青路面时应充分考虑隧道沥青路面施工和维修养护工作困难，隧道内外光线变化显著，隧道有可能漏水、冒水，隧道防火安全等特点，选择适宜的材料与结构。

(3)复合式隧道路面的铺底与水泥混凝土面层的施工技术要求应符合上节的相关规定。

(4)沥青混合料面层宜在水泥混凝土路面达到设计强度的 80%以后铺筑。

(5)水泥混凝土面层表面处理宜采用喷砂抛丸或精铣刨两种方式，有关要求应符合第 11 章 11.2 节的相关规定。

(6)对隧道底部的地下水应采取疏导方式，设置完善的排水系统。沥青面层与水泥混凝土面层之间应设置防水黏结层，有关要求应符合第 11 章 11.3 节的相关规定。

(7)复合式隧道路面的沥青混合料面层的施工准备、材料要求、混合料配合比设计、试验段施工、施工要点、质量控制等各项工作应符合第 7 章的相关规定。

(8)复合式隧道路面沥青混合料面层施工工艺流程如图 12-3 所示。

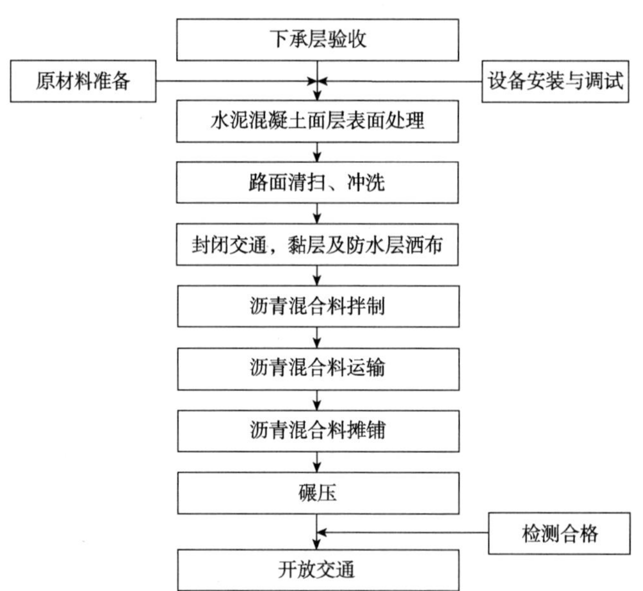


图 12-3　复合式隧道路面沥青混合料面层施工工艺流程

# 13 路面附属工程

## 13.1 一般规定

(1)边沟盖板及超高排水沟盖板、集水井盖板、路缘石(拦水带)等小型构件应统一规格、统一集中预制、统一队伍安装。小型预制件集中预制时,应分类堆放并标注日期和编号。

(2)小型预制构件预制模板应采用定型高强塑料模具。

(3)施工过程中,施工原始记录应与施工工序同步,工程现场验收应与施工资料签认同步,对隐蔽工程应保留相关影像资料。

## 13.2 中央分隔带

### 13.2.1 中央分隔带的开挖

当路面基层施工完毕后,即可进行中央分隔带的开挖,采用人工开挖的方式。沟槽的断面尺寸、沟底纵坡及结构层端部边坡应满足设计要求。

### 13.2.2 防水处理

沟槽开挖完毕并经验收满足设计要求后,按设计图纸要求做防水处理。

### 13.2.3 纵向碎石盲沟的铺设

(1)开挖的土料不得堆置在已铺好的基层上,应及时运走以防止污染。

(2)开挖中央分隔带横向排水管的集水槽尺寸等满足设计要求。

(3)铺设软式透水管。

(4)碎石盲沟上铺设反滤土工布,使与回填土隔离。

### 13.2.4 桥梁托架和玻璃管箱的安装

(1)桥梁托架严格按照设计图纸的间距和尺寸等进行施工,以保证预制的玻璃管箱能够顺利架设。

(2)安装玻璃管箱时,螺栓按设计要求固定牢固。

(3)桥面超高内侧通常设计有泄水孔,防撞护栏靠中央带内侧出水口与桥梁托架有冲突时,桥梁托架和玻璃管箱应设置在没有泄水孔的防撞护栏一侧。

### 13.2.5 硅芯管敷设

(1)在敷设之前应满足以下要求。

①沟底平整,无硬块、无突起,纵坡应与路基、路面纵坡相一致。

②中央分隔带的孔道已经施工完成。

③分岔处横向通信管道已经埋设完成。

④桥梁托架和玻璃管箱已经安装完毕。

(2)敷设管道时对管道沟底应进行整平夯实,防止硅芯管局部悬空,填土后造成拉裂破坏。

(3)硅芯管敷设完成后,采用细砂回填覆盖,以保护硅芯管。

(4)硅芯管的埋设位置应严格控制在路线中心线处,以防止埋设在防撞护栏桩基处,防撞护栏打桩施工时对硅芯管造成破坏。

(5)硅芯管的埋设深度应严格按照设计图纸的要求进行施工,以防止埋设过浅,中央分隔带绿化植树开挖种植槽时对硅芯管造成破坏。

(6)若中央分隔带位置设置有交通安全设施标志标牌、信号基础等,应在上述交叉分项施工前预留足够尺寸的孔道,以满足设计数量硅芯管能够顺利穿设。

### 13.2.6　中央分隔带填土

(1)填土前应确保中央带沟槽的防水处理、碎石盲沟和硅芯管等处于正常设计状态,否则应进行修复。

(2)填土宜选择在基层施工和路缘石安装完成后,面层施工前完成。填土不得选择建筑弃土、砾石土等,应选择适宜树木生长的种植土。

(3)填土过程中应采取防污染措施,可铺设彩条布或土工布等,对不慎落入路面、超高排水沟或集水井的土应及时处理。

(4)中央分隔带填土表面应人工整平,缺土时填补、多土时清理,以满足设计要求。

(5)采用自卸车填土时应防止车辆对超高排水沟和路缘石的破坏。

(6)填土应预留一定的松铺高度,以防止沉降后填土高度不能满足设计要求。

## 13.3　超高排水沟

### 13.3.1　现浇混凝土超高排水沟

(1)现浇混凝土超高段排水沟工艺流程如图 13-1 所示。

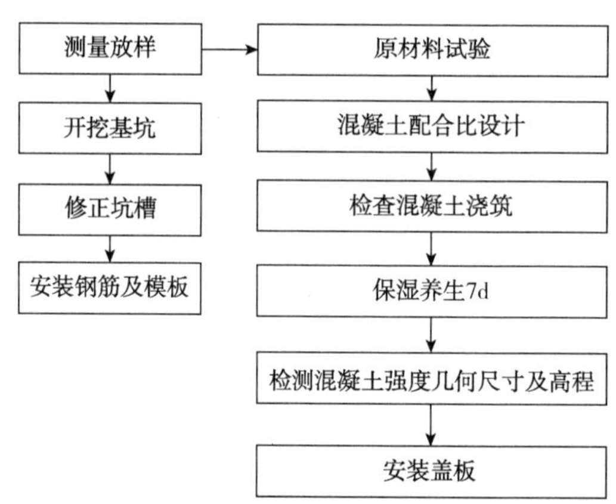


图 13-1　现浇超高混凝土排水沟工艺流程图

(2)现浇混凝土超高排水沟施工要点。

①超高排水沟在基层施工完成后,应精确放样,用白灰洒出边沟边线,用带冲头的小型挖掘机反开挖基层,人工清理松动的基层块料并修整沟槽,确保沟体线形美观,直线线形顺直,曲线线形圆滑。

②沟底纵坡宜与路线纵坡一致,并不宜小于 0.3%。

③边坡开挖成型,高程检验合格后,可浇筑边沟底部混凝土。

④安装钢筋。钢筋应调直,绑扎应满足要求。

⑤沟底混凝土终凝后可进行墙身模板安装,边沟墙身模板要求有足够的刚度,模板顶面每隔 5m 用水准仪测出该位置的高程,用墨线连接,作为混凝土浇筑控制点。

⑥模板安装时支撑必须到位,保证支撑强度。

⑦为保证超高排水沟台口及台顶线形平顺，顶面平整，需按设计挂线一次成型。台口混凝土浇筑采用压板成型并挂线二次收面。

### 13.3.2　预制安装超高排水沟

(1)预制安装超高混凝土排水沟工艺流程如图13-2所示。

图13-2　安装超高混凝土排水沟工艺流程图

(2)预制安装超高排水沟施工要点。

①超高排水沟在基层施工完成后，应精确放样，用白灰洒出边沟边线，用带冲头的小型挖掘机反开挖基层，人工清理松动的基层块料并修整沟槽，确保沟体线形美观，直线线形顺直，曲线线形圆滑。

②沟底纵坡宜与路线纵坡一致，并不宜小于0.3%。

③边沟开挖成型，高程经检验合格后，方可安装预制超高排水沟。预制安装超高排水沟时，应按设计线形及高程挂线和坐浆安装。

## 13.4　集水井

(1)集水井应在路基成型验收后，路面基层施工前进行施工，往往集水井及集水井横向排水管预埋同时安排施工。衔接于横向排水管的集水井按图纸规定高程、尺寸立模现浇，横向排水管管节嵌入集水井壁内，并严格按图纸或批准的方法做好防水处理。

(2)现浇混凝土集水井工艺流程图及施工要点同13.3.1节的规定。

## 13.5　路缘石与拦水带

(1)路缘石应有足够的强度和耐久性、表面平整，与路线线形一致。行车道与中央分隔带之间设置埋置式路缘石时，应防止中央分隔带的雨水进入路面结构层。

(2)路缘石安装工艺流程如图13-3所示。

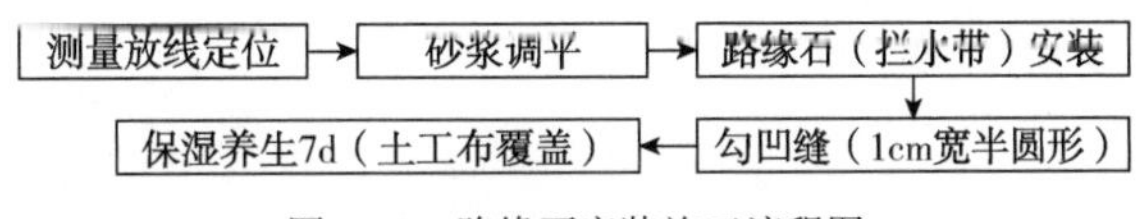


图13-3　路缘石安装施工流程图

(3)路缘石安装施工要点。

①路缘石应在沥青混合料施工前进行安装(可参考附图E-19)。

②将预制好的路缘石预制件通过小型车辆运输至经验收合格的基层上安装，然后进行勾缝和养生。

③在安装之前，应对路缘石埋设的平面位置进行放样并拉线，采用双线控制(通过用直线10m，曲线2~5m打好桩拉线确定高程线和外边缘线)，继而安装路缘石(拦水带)。

④在路缘石之间外漏面设置凹缝，缝宽1cm、下凹深度1cm。待沥青路面施工完成后，应重新对路缘石(拦水带)埋设的平面位置及顺直度进行拉线检查，更换破损路缘石(拦水带)，调整错位路缘石(拦水带)，确保路缘石(拦水带)线形流畅、平顺美观、勾缝整齐。

(4)沥青混凝土拦水带应采用专用设备连续铺设，其矿料级配宜满足表13-1要求，沥青用量宜在正常试验的基础上增加0.5%~1.0%，双面击实50次的设计空隙率宜为1%~3%。基底需洒布用量为0.25~0.5kg/$m^2$的黏层油。

沥青混凝土拦水带矿料级配范围　　表 13-1

| 筛孔(mm) | 16 | 13.2 | 4.75 | 2.36 | 0.3 | 0.075 |
|---|---|---|---|---|---|---|
| 通过质量百分率(%) | 100 | 85~100 | 65~80 | 50~65 | 18~30 | 5~15 |

(5)埋置式路缘石宜在沥青层施工全部结束后安装,严禁在两层沥青层施工间隙中因开挖、埋设路缘石导致沥青层污染。

## 13.6　土路肩小型预制件安装

(1)土路肩小型预制件安装工艺流程如图 13-4 所示。

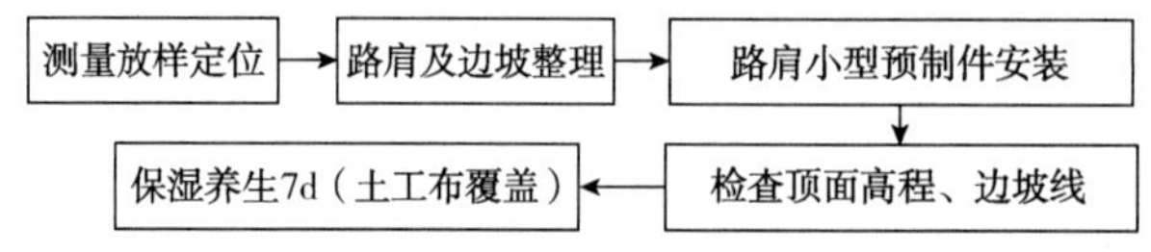


图 13-4　土路肩小型预制件安装工艺流程图

(2)土路肩小型预制构件安装施工要点。

①土路肩小型预制件安装前,应对路肩及边坡按图纸逐桩测量其施工高程及应有宽度。

②确定边坡底面顶面纵向线形及坡度线、土路肩与面层位置线。

③将预制好的土路肩小型预制件通过小型车辆运输至施工地点,对由于搬运及运输等原因导致断裂、缺边掉角的予以报废处理。

④按放样的控制线进行安装及垫层或砂浆调平,保证线形和高程,使表面平整,线形顺直。

## 13.7　小型预制盖板安装

(1)小型预制盖板安装工艺流程同图 13-3。

(2)小型预制盖板施工要点。

①小型预制盖板施工前,应对完成的集水井、边沟及超高排水沟检查验收。

②将预制好的小型预制盖板通过小型车辆运输至施工地点,对由于搬运及运输等原因导致断裂、缺边掉角的予以报废处理。

③测量放线定位,初步砂浆调平,保证线形和高程,使预制件盖板安装时表面平整,线形顺直。

④安装后进行保湿养生。

## 13.8　路面排水

### 13.8.1　横向排水管

(1)路基施工完毕且交工验收后,即可进行埋设横向排水管的施工。

(2)基槽开挖,根据设计要求,按图纸所示桩号,定出埋设位置。采用人工开挖或用挖机挖槽的方式,沟槽应保持直线并垂直于路中心线,开挖深度及宽度应满足设计要求。

①横向排水管设置在正常路段时,沟底坡度应和路面横坡一致。

②横向排水管设置在超高路段时,沟底坡度应和路面超高横坡相反,并设置大于等于 2%的横坡。

(3)铺设垫层。垫层采用设计要求的材料等,铺设厚度应保持均匀一致,同时保证垫层顶面具有规定的横坡。

(4)埋设横向排水管。

①埋设要求一端应插入中央分隔带范围内的纵向排水盲沟或超高排水沟位置,另一端应伸出路基边

坡外。

②横向塑料排水管的进口需用土工布包裹,防止碎石堵塞。

③接头处理:当排水管不足一次埋设的长度时,需套接。

④挖方路段横向排水管外侧接路堑边沟,同时路堑边沟的深度应满足排水要求。

⑤填方路段横向排水管位置较设计桩号可适当调整,外侧接下边坡骨架流水槽,以免路面排水对填方边坡造成冲刷。

⑥超高排水管若设置在非超高侧,埋设长度应从中桩延伸至超高段排水沟位置。

(5)沟槽回填。

①横向排水管埋设完毕并经验收合格后,方可进行沟槽回填,回填施工时,所填筑混凝土采用插入式振动棒振捣密实。

②预埋及回填土完毕后,应清除并转运开挖剩余的土石方,以保证施工面的整洁。

### 13.8.2 填方段路肩纵向碎石盲沟排水

(1)施工放样:按图纸的断面尺寸要求,放样确定路肩纵向碎石盲沟的位置。

(2)清理路肩处弃土,铺底前纵坡应与路基、路面纵坡相一致,验收合格后才能进行碎石盲沟施工。

(3)铺设土工布:工作面验收合格后,立即按照横断面铺设渗水土工布,土工布搭接长度满足设计要求。

(4)回填碎石:盲沟所用碎石采用未处治的开级配碎石组成,并采用人工摊平夯实,厚度严格按照设计要求施工。

# 附录 A

## 沥青路面施工工序总体流程图

沥青路面施工工序总体流程如附图 A-1 所示。

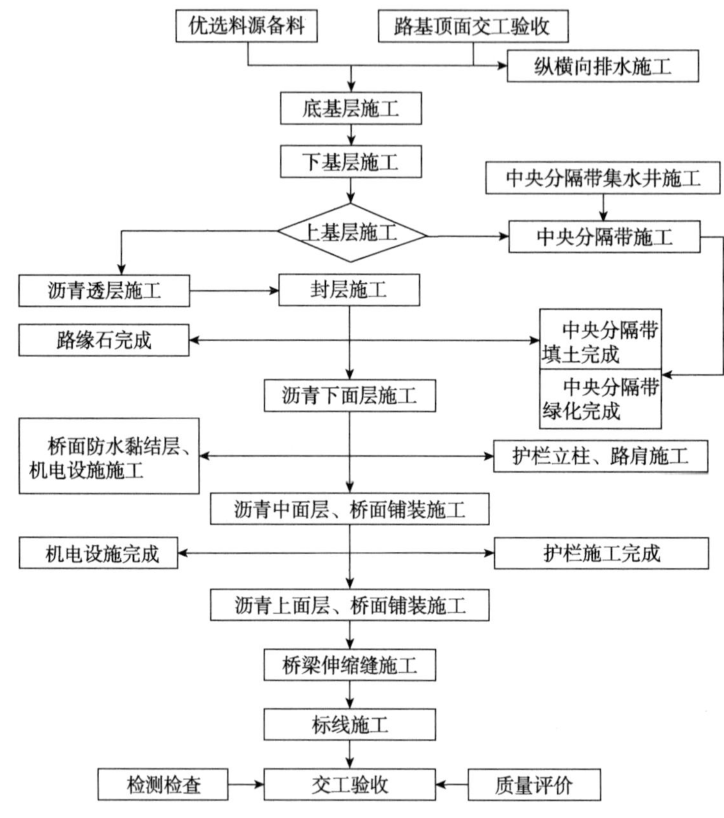


附图 A-1　沥青路面施工工序总体流程

# 附录 B

# 密级配沥青混合料 Superpave 配合比设计方法

## B.1　一般规定

（1）本方法适用于用旋转压实仪进行密级配热拌沥青混合料目标配合比设计。

（2）Superpave 配合比设计应通过目标配合比设计、生产配合比设计和生产配合比验证三个阶段，确定沥青混合料的原材料品种、矿料级配和最佳沥青用量。

（3）Superpave 配合比设计应遵照本分册规定的方法，混合料拌和采用小型沥青混合料拌和机进行，拌好的混合料应在压实温度下短期老化 2h，才能采用旋转压实仪制备混合料试件。

（4）混合料采用体积方法进行配合比设计，并用马歇尔试验作相关性能检验。

（5）生产配合比设计可按照本方法规定的步骤进行。

## B.2　沥青混合料 Superpave 配合比设计步骤

### B.2.1　原材料的选用与试验

（1）配合比设计的各种矿料必须按现行《公路工程集料试验规程》（JTG E42—2005）从工程用材料中取代表性样品。经试验，各项指标符合本分册规定后才能选用。当为生产配合比设计时，应从拌和机的各热料仓中取代表性样品进行试验，并提供设计参数。

（2）沥青材料必须按现行《公路工程沥青和沥青混合料试验规程》（JTG E20—2011）从准备使用的沥青罐（库）中取代表性样品。经试验各项指标符合本分册规定后才能使用，同时提供设计参数。

（3）各种添加剂经检验满足本分册要求后，方可用于设计。

（4）粗集料的棱角性是指大于 4.75mm 集料中有一个或多个破碎面的集料百分率，按规定应不小于 100%。

### B.2.2　矿料配比设计

（1）根据经验在第 7 章表 7-5 控制点界限内，选择粗、中、细三个矿料级配，级配均应在限制区外的下方。

（2）矿料配比宜借助电子计算机用试配法进行。矿料级配曲线按现行《公路工程沥青及沥青混合料试验规程》（JTG E20—2011）的方法绘制（横坐标 $X = d_i^{0.45}$），以原点与通过集料最大粒径 100% 的点的连线作为沥青混合料的最大密度线。

（3）根据经验或按式（D-1）选择同一个初始沥青用量拌制沥青混合料，用旋转压实仪在 0.6MPa 压力下制备试件，每种级配 2 个。

$$P_a = \frac{P_{a1} \times \gamma_{sb1}}{\gamma_{sb}} \tag{B-1}$$

式中：$P_a$——预估的最佳油石比（与矿料总量的百分比）（%）；

$P_{a1}$——已建类似工程沥青混合料的标准油石比（%）；

$\gamma_{sb}$——集料的合成毛体积相对密度；

$\gamma_{sb1}$——已建类似工程集料的合成毛体积相对密度。

（4）按现行《公路工程沥青及沥青混合料试验规程》（JTG E20—2011）相关规定计算矿料混合料合成毛体积相对密度 $\gamma_{sb}$、合成表观相对密度 $\gamma_{sa}$ 和合成有效相对密度 $\gamma_{se}$，并确定沥青混合料最大理论相对密度 $\gamma_t$，从而计算试件的压实度、空隙率、VMA、VFA 和 DP。

（5）选取满足第 7 章表 7-3 要求的沥青混合料为设计级配。如果有两个或以上级配满足要求时，应选取 VMA 较大者为设计级配。

### B.2.3　确定最佳沥青用量

（1）用式（B-2）估算 $N_{设计}$ 压实次数、试件空隙率为 4%的沥青用量 $P_{b,估算}$。

$$P_{b,估算} = P_{b,初始} - [0.4 \times (4 - V_a)] \tag{B-2}$$

式中：$P_{b,估算}$——估算的沥青用量（%）；

$P_{b,初始}$——初始的沥青用量（%）；

$V_a$——初始沥青用量沥青混合料在 $N_{设计}$ 压实次数时的空隙率（%）。

（2）用 $P_{b,估算}$、$P_{b,估算}$±0.5%、$P_{b,估算}$+1%四个沥青用量与设计级配制备沥青混合料，用旋转压实仪成型试件，测定试件压实度、空隙率、VMA、VFA、DP，取设计压实次数、试件空隙率为 4%的沥青为配合比设计用量。

### B.2.4　设计沥青用量的检验

用设计沥青用量和设计级配制备旋转压实试件，检验设计压实次数沥青混合料体积性质，应满足第 7 章表 7-3 的要求；同时制备马歇尔试件和其他性能指标试件，其物理力学性能应满足第 7 章表 7-4 的要求。

### B.2.5　配合比设计报告

（1）配合比设计报告应包括工程设计级配范围选择说明、材料品种选择与原材料质量试验结果、矿料级配、最佳沥青用量及各项体积指标、配合比设计检验结果等。试验报告的矿料级配曲线应按规定的方法绘制。

（2）报告不同沥青用量条件下的各项试验结果，并提出对施工压实工艺的技术要求。

## B.3　Superpave-20 目标配合比设计实例

### B.3.1　原材料检验

（1）目标配合比设计所用 SBS 改性沥青、石灰岩集料、石灰岩填料经检验各项指标均满足本分册的要求（试验结果略），可以用于目标配合比设计。其中，集料棱角性和相对密度结果列于附表 B-1 和附表 B-2。

**集料认同特性性质试验结果**　　附表 B-1

| 试　验　项　目 | | 试验值 | Superpave 技术标准 |
|---|---|---|---|
| 集料认同特性 | 粗集料棱角性（%） | 100 | ≥100 |
| | 细集料棱角性（%） | 46.4 | ≥45 |

**集料相对密度试验结果**　　附表 B-2

| 矿料 | 表观相对密度 | 毛体积相对密度 | 吸水率（%） |
|---|---|---|---|
| 1 号 | 2.738 | 2.718 | 0.26 |
| 2 号 | 2.741 | 2.713 | 0.38 |

续上表

| 矿料 | 表观相对密度 | 毛体积相对密度 | 吸水率(%) |
|---|---|---|---|
| 3 号 | 2.738 | 2.693 | 0.60 |
| 4 号 | 2.736 | 2.662 | 1.01 |
| 矿粉 | 2.736 | — | — |

(2)粗集料、细集料和填料水洗法筛分结果列于附表 B-3。

**矿 粉 筛 分 结 果**　　附表 B-3

| 矿料 | 通过以下筛孔(mm)质量百分率(%) | | | | | | | | | | |
|---|---|---|---|---|---|---|---|---|---|---|---|
| | 26.5 | 19.0 | 13.2 | 9.5 | 4.75 | 2.36 | 1.18 | 0.6 | 0.3 | 0.15 | 0.075 |
| 1 号 | 100 | 78.4 | 7.8 | 1.4 | 0.9 | 0.9 | 0.9 | 0.9 | 0.9 | 0.9 | 0.8 |
| 2 号 | 100 | 100 | 98.1 | 69.2 | 4.8 | 0.8 | 0.7 | 0.7 | 0.7 | 0.7 | 0.6 |
| 3 号 | 100 | 100 | 100 | 100 | 92.0 | 2.0 | 1.1 | 1.0 | 1.0 | 1.0 | 0.9 |
| 4 号 | 100 | 100 | 100 | 100 | 99.8 | 89.2 | 59.6 | 43.6 | 25.7 | 19.3 | 12.5 |
| 矿粉 | 100 | 100 | 100 | 100 | 100 | 100 | 100 | 100 | 99.6 | 95.4 | 82.3 |

## B.3.2　矿料级配的选择

(1)依据 Superpave 设计的一般方法,在选择集料合成级配时,首先调试选出粗、中、细三个级配,各合成级配通过百分率列于附表 B-4。

**矿 料 级 配 组 成**　　附表 B-4

| 合 成 级 配 | 通过以下筛孔(mm)质量百分率(%) | | | | | | | | | | |
|---|---|---|---|---|---|---|---|---|---|---|---|
| | 26.5 | 19.0 | 13.2 | 9.5 | 4.75 | 2.36 | 1.18 | 0.6 | 0.3 | 0.15 | 0.075 |
| 级配 A (25：39.5：10.5：23.5：1.5) | 100 | 94.6 | 76.2 | 63.2 | 36.7 | 23.2 | 16.1 | 12.4 | 8.1 | 6.6 | 4.7 |
| 级配 B (20：41：11.5：26.5：1) | 100 | 95.7 | 80.8 | 67.7 | 40.2 | 25.4 | 17.4 | 13.1 | 8.4 | 6.7 | 4.6 |
| 级配 C (20：37：11：31：1) | 100 | 95.7 | 80.9 | 68.9 | 44 | 29.3 | 20 | 15.1 | 9.5 | 7.5 | 5.2 |

(2)根据设计经验拟用 4.2%的初始沥青用量,采用旋转压实仪成型试件,设定旋转压实仪的单位压力为 0.6MPa。初始沥青用量下各级配旋转压实试验结果汇总于附表 B-5。

**三种试验级配旋转压实试验结果汇总**　　附表 B-5

| 压 实 次 数 | 级 配 A | | 级 配 B | | 级 配 C | |
|---|---|---|---|---|---|---|
| | 试件 1 | 试件 2 | 试件 1 | 试件 2 | 试件 1 | 试件 2 |
| $N_{初始}$(8 次)高度(mm) | 129.6 | 129.5 | 128.7 | 129.2 | 126.9 | 126.1 |
| $N_{设计}$(100 次)高度(mm) | 113.9 | 113.7 | 113.5 | 113.9 | 112.9 | 112.4 |
| 空气中质量(g) | 4748.7 | 4742.7 | 4742.7 | 4764.6 | 4760.2 | 4725.8 |
| 水中质量(g) | 2803.0 | 2800.2 | 2814.3 | 2827.1 | 2838.3 | 2817.2 |
| 饱和面干质量(g) | 4759.6 | 4754.1 | 4752.3 | 4773.9 | 4767.8 | 4731.6 |
| 毛体积相对密度 | 2.427 | 2.427 | 2.447 | 2.447 | 2.467 | 2.469 |
| 最初压实度(%) | 83.6 | | 84.7 | | 86.1 | |
| 设计次数压实度(%) | 95.1 | | 96.0 | | 96.7 | |
| 最大理论相对密度 | 2.552 | | 2.552 | | 2.552 | |

(3)附表 B-6 为三种级配估算沥青用量试验结果评价表。依据评价指标,可以得出级配 A、B 满足 Superpave 设计要求,本次选择级配 B 为设计级配。确定的设计级配曲线绘于附图 B-1。

三种级配估算沥青用量试验结果评价　　附表 B-6

| 级配 | 4%空隙率沥青用量(%) | VMA(%)(设计次数) | VFA(%)(设计次数) | DP | 估算初始次数压实度(%) |
|---|---|---|---|---|---|
| A | 4.48 | 13.65 | 70.69 | 1.15 | 84.4 |
| B | 4.14 | 13.03 | 69.31 | 1.24 | 84.6 |
| C | 3.89 | 12.35 | 67.61 | 1.52 | 85.4 |
| 标准 | Superpave 标准 | ≥13.0 | 65~75 | 0.6~1.2* | ≤89.0 |

注:* 表示当级配通过限制区下方,粉胶比可增加到 0.8~1.6。

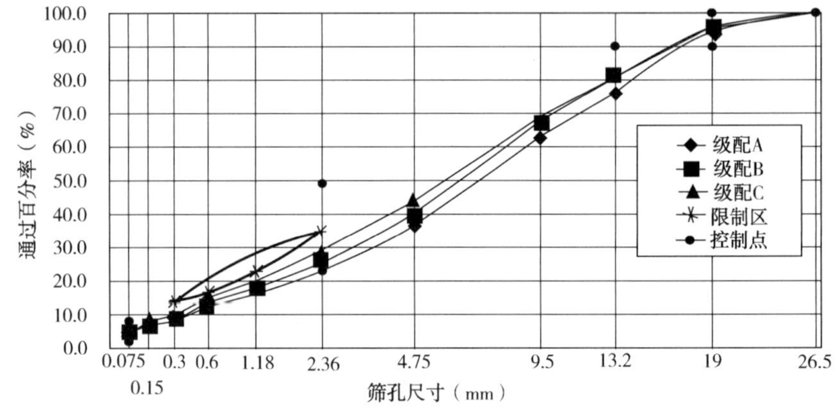


附图 B-1　设计级配曲线

### B.3.3　确定最佳沥青用量

(1)设计级配确定后,由附表 B-5 根据实际设计经验,估算压实次数 $N_{设计}$ 条件下、试件空隙为 4% 的 $P_b$,估算取 4.2%,四个沥青用量分别为:3.7%、4.2%、4.7%、5.2%。

(2)在进行确定选择级配沥青用量的试验时,压实次数设定在 $N_{设计}=100$ 次。设计级配四种沥青用量混合料试件试验结果列于附表 B-7 和附表 B-8;根据附表 B-8 中 3.7%、4.2%、4.7%、5.2% 四个沥青用量的体积性质,得到设计沥青用量为 4.2% 及其对应的体积性质。

设计级配四种沥青用量试验结果汇总　　附表 B-7

| 沥青用量(%) | | 3.7 | | 4.2 | | 4.7 | | 5.2 | |
|---|---|---|---|---|---|---|---|---|---|
| 最大理论相对密度 | | 2.571 | | 2.550 | | 2.532 | | 2.512 | |
| 试件编号 | | 1 | 2 | 1 | 2 | 1 | 2 | 1 | 2 |
| 高度(mm) | 8 次 | 128.9 | 129.1 | 129.0 | 128.2 | 126.1 | 126.9 | 125.8 | 125.4 |
| | 100 次 | 114.2 | 114.3 | 113.6 | 113.0 | 111.3 | 112.0 | 110.8 | 110.5 |
| 空气中质量(g) | | 4756.5 | 4788.5 | 4766.3 | 4742.8 | 4752.4 | 4725.7 | 4725.7 | 4776.1 |
| 水中质量(g) | | 2830.1 | 2847.6 | 2830.1 | 2814.9 | 2820.0 | 2807.4 | 2809.3 | 2838.5 |
| 饱和面干质量(g) | | 4773.4 | 4803.3 | 4776.6 | 4753.1 | 4760.1 | 4732.6 | 4730.5 | 4781.4 |
| 毛体积相对密度 | | 2.448 | 2.448 | 2.449 | 2.447 | 2.450 | 2.455 | 2.460 | 2.458 |
| 初始压实度(%) | | 84.3 | | 84.5 | | 85.6 | | 86.2 | |
| 设计压实度(%) | | 95.2 | | 96.0 | | 96.9 | | 97.9 | |

注:最大理论相对密度为计算法获得。

**四种沥青用量沥青混合料体积性质**　　附表 B-8

| 沥青用量(%) | 在设计压实次数时 | | | DP | 初始压实度(%) |
|---|---|---|---|---|---|
| | 压实度(%) | VMA(%) | VFA(%) | | |
| 3.7 | 95.2 | 12.57 | 61.82 | 1.42 | 84.3 |
| 4.2 | 96.0 | 13.01 | 69.26 | 1.23 | 84.5 |
| 4.7 | 96.9 | 13.27 | 76.64 | 1.08 | 85.6 |
| 5.2 | 97.9 | 13.60 | 84.55 | 0.97 | 86.2 |
| Superpave 标准 | 96.0 | ≥13 | 65~75 | 0.8~1.6 | ≤89 |

## B.3.4　设计检验

采用设计沥青用量4.2%拌制混合料成型试件，检验设计压实数的VMA、VFA、初始压实度、最大压实度和DP等指标，结果列表于附表B-9。所有检测指标均满足本分册的要求。

**设计沥青用量验证试验结果**　　附表 B-9

| 沥青用量(%) | 在设计压实次数时 | | | DP | 初始压实度(%) | 最大压实度(%) |
|---|---|---|---|---|---|---|
| | 压实度(%) | VMA(%) | VFA(%) | | | |
| 4.2 | 96.0 | 13.13 | 69.15 | 1.22 | 84.4 | 97.7 |
| 技术要求 | 96.0 | ≥13 | 65~75 | 0.6~1.2* | ≤89 | ≤98 |

注：* 表示当级配通过限制区下方，粉胶比可增加到0.8~1.6。

## B.3.5　设计结果

通过以上试验和分析，级配D为设计级配，配合比为1号：2号：3号：4号：矿粉=20：41：11.5：26.5：1，设计沥青用量4.2%。其对应的混合料特性如附表B-10所示。

**混合料体积性质**　　附表 B-10

| 混合料特性 | 设计结果 | Superpave 标准 |
|---|---|---|
| $V_a$(%) | 4.0 | 4.0 |
| VMA(%) | 13.13 | ≥13 |
| VFA(%) | 69.15 | 65~75 |
| DP | 1.22 | 0.6~1.2* |
| 初始压实度(%) | 84.4 | ≤89 |
| 最大压实度(%) | 97.7 | ≤98 |

注：* 表示当级配通过限制区下方，粉胶比可增加到0.8~1.6。

## B.3.6　马歇尔试验

按照设计级配和沥青用量，进行马歇尔击实试验，试验结果见附表B-11。

**沥青混合料马歇尔试验结果**　　附表 B-11

| 沥青用量(%) | 毛体积相对密度 | 最大理论相对密度 | 空隙率(%) | 饱和度(%) | VMA(%) | 稳定度(kN) | 流值(0.1mm) |
|---|---|---|---|---|---|---|---|
| 4.2 | 2.428 | 2.550 | 4.8 | 65.3 | 13.8 | 12.01 | 32.8 |
| 马歇尔标准 | — | — | 4.0~6.0 | 60~70 | ≥13 | ≥8.0 | 20~50 |

## B.3.7　高温稳定性试验和水稳定性试验

为了检验 Superpave-20 沥青混合料的高温稳定性和抗水损害能力，按照本分册要求进行了车辙试验和水损害试验，试验结果汇总于附表 B-12～附表 B-14。

车 辙 试 验 结 果　　附表 B-12

| 混合料类型 | 沥青用量(%) | 动稳定度(次/mm) | | | | |
|---|---|---|---|---|---|---|
| | | 1 | 2 | 3 | 平均 | 要求 |
| Superpave-20 | 4.2 | 4 400 | 4 500 | 4 200 | 4 400 | ≥3 000 |

浸水马歇尔稳定度试验结果　　附表 B-13

| 混合料类型 | 马歇尔稳定度(kN) | 浸水马歇尔稳定度(kN) | 残留稳定度(%) | 要求(%) |
|---|---|---|---|---|
| Superpave-20 | 12.01 | 11.10 | 92.4 | ≥85 |

AASHTO T 283 试验结果　　附表 B-14

| 混合料类型 | 无条件劈裂强度(MPa) | 条件劈裂强度(MPa) | *TSR*(%) | 要求(%) |
|---|---|---|---|---|
| Superpave-20 | 12.01 | 11.10 | 88.6 | ≥80 |

## B.3.8　目标配合比设计结果

根据取样的沥青、集料、矿粉等原材料，按照本分册进行室内配合比设计，得到的最佳沥青用量为 4.2%(油石比为 4.4%)。通过车辙试验得到所设计的沥青混合料动稳定度满足本分册第 7 章表 7-4 的要求；由浸水马歇尔试验和 AASHTO T 283 试验，该沥青混合料抗水害性能良好，亦满足本分册第 7 章表7-4 的规定。本次目标配合比设计可用于工地生产配合比设计。

# 附录 C

# 试验段试铺总结要求

## C.1　沥青路面垫层、底基层、基层试铺总结编写一般要求

垫层、底基层、基层等结构层试铺完成,并经检测后,应及时进行试铺总结的编写。试铺总结按下列顺序和内容进行编写。

### C.1.1　试验段概况

包括桩号、长度、结构类型、施工日期、承包人、监理单位,施工时天气情况(温度、湿度、风力)等。

### C.1.2　批准的配合比

批准的配合比包括:场地原材料性能检测结果(集料、水泥),矿料级配组成、水泥(石灰)、碎石的比例,标准击实、7d 无侧限抗压强度(或 CBR)等试验结果。

### C.1.3　机械设备与人员组成

(1)使用的主要机械设备和数量。

(2)人员组成情况及分工职责。

### C.1.4　混合料拌和

(1)拌和机型号、上料速度、拌和数量、拌和时间、卸料方式等。

(2)验证混合料配合比:试拌混合料的集料级配,混合料的配合比,混合料含水率等。

### C.1.5　混合料摊铺

摊铺机梯队作业情况(或路拌方法),料车卸料方式,摊铺速度,厚度控制及找平方式,消除摊铺离析的技术等。

### C.1.6　混合料碾压

应至少有两种不同的碾压组合方式(必须确保达到要求的压实度),每种方案碾压机具的选择,组合方式,压实顺序,碾压速度及遍数(列表说明)等。

### C.1.7　铺层松铺系数

铺层松铺系数用定点测量下承层表面高程、面层松铺高程、面层压实高程等计算得到,测点数应大于30。测量资料应在总结中列出。

### C.1.8　施工接缝处理方法

两台摊铺机中间接缝、施工缝的处理方法,如何确保接缝处铺层的压实度和外观均匀性符合规定。

### C.1.9　试验段各项技术指标检查结果

### C.1.10　试铺存在的问题及分析

介绍试铺过程中存在的问题,及对造成原因进行分析。

### C.1.11　结论及建议

(1)试铺是否成功。建议施工用的配合比。

(2)建议施工产量及作业长度。

(3)正式施工中需改进的若干建议。

(4)对开工申请中施工组织设计的修改建议。

(5)确定施工组织及管理体系、质保体系等。

(6)安全保障措施、应急预案。

## C.2　沥青路面面层试铺总结编写一般要求

沥青路面试铺用正式表报批,放在总结的首页,按以下内容编写。

### C.2.1　试铺路段概况

包括桩号,长度(不少于300m),面层结构类型,施工日期,承包人,监理单位,施工天气情况(温度、湿度、风力)等。

### C.2.2　批准的目标配合比和生产配合比

(1)原材料质量:包括原材料产地品种、性能检测结果。

(2)目标配合比:批准的目标配合比试验结果。

(3)生产配合比:包括各热料仓集料、矿料筛分结果,密度试验结果,矿料级配组成,最佳沥青用量(油石比)的沥青混合料技术性质试验结果。

### C.2.3　机械设备和人员组成

(1)使用的主要机械设备和数量。

(2)人员组成情况及分工职责。

### C.2.4　沥青混合料试拌

(1)拌和机的拌和方式:拌和机型号、上料速度、拌和数量、拌和温度(沥青温度、集料温度、出料温度)、拌和时间(干拌时间、湿拌时间、加料卸料时间)等。

(2)验证沥青混合料配合比:试拌沥青混合料技术性质,确定试铺用沥青混合料的配合比。

### C.2.5　沥青混合料摊铺

内容包括:摊铺机梯队作业情况,料车卸料方式,摊铺温度,摊铺速度,初步振捣夯实的方法和设置参数,熨平板预热方式和温度,厚度自动控制及找平方式,消除铺面离析的技术。

### C.2.6　沥青混合料压实方案

应至少有两种压实方案(必须确保达到要求的压实度),每种方案压实机具的选择,组合方式,压实顺序,碾压速度及遍数(列表说明),碾压温度等。

### C.2.7　面层松铺系数

用定点测量的下承层表面高程、面层松铺高程、面层压实高程方法计算得到，测点数应大于 30。测量资料应在总结中列出。

### C.2.8　施工缝处理方法

包括两台摊铺机中间接缝的处理方法，如何确保接缝处面层的压实度，渗水系数和外观均匀性符合规定。

### C.2.9　试铺路段各项技术指标检查结果

(1)承包人每种碾压方案钻芯取样数不少于 10 个，渗水系数测定点不少于 20 个。

(2)中心试验室、监理单位可与承包人共同钻取芯样，试样共享，分别测定；独立完成渗水系数测定不少于 10 点。

(3)以上各单位均应计算试验段的各热料仓比例，并与生产配合比比较。

### C.2.10　试铺存在的问题及分析

介绍试铺过程中存在的问题及原因分析，提出解决措施。

### C.2.11　结论意见

(1)试铺是否成功。建议施工用沥青混合料配合比。

(2)建议施工产量及作业长度。

(3)正式施工中需改进的若干建议。

(4)对开工申请中施工组织设计的修改建议。

(5)确定施工组织及管理体系、质保体系等。

(6)安全保障措施、应急预案。

## C.3　水泥混凝土路面面层试铺总结编写一般要求

水泥混凝土路面面层试铺完成，并经检测后，应及时进行试铺总结的编写。试铺总结按下列顺序和内容进行编写。

### C.3.1　试验段概况

包括桩号，长度(不少于 200m)，水泥混凝土结构类型，施工日期，承包人，监理单位，施工天气情况(温度、湿度、风力)等。

### C.3.2　批准的配合比

(1)原材料质量：包括原材料产地品种、性能检测结果。

(2)配合比：包括水灰比、砂率、单位用水量、单位水泥用量、砂石料用量。

### C.3.3　机械设备和人员组成

(1)使用的主要机械设备和数量。

(2)人员组成情况及分工职责。

### C.3.4　水泥混凝土拌和

通过试拌检验搅拌楼性能及确定合理搅拌工艺,检验适宜摊铺的搅拌楼拌和参数:上料速度,拌和容量,搅拌均匀所需时间,新拌混凝土坍落度、振动黏度、含气量、泌水性、VC值和生产使用的混凝土配合比等。

### C.3.5　水泥混凝土摊铺

通过试铺检验主要机械的性能和生产能力,检验辅助施工机械组配合理性;检验面层摊铺工艺和质量:模板架设固定方式或基准线设置方式,摊铺机械(具)的适宜工作参数,包括松铺系数、摊铺速度、振捣时间与频率、滚压遍数、碾压遍数、压实度、中间和侧向拉杆置入情况等;检验整套施工工艺流程。

### C.3.6　试验段各项技术指标检查结果

建立混凝土原材料、拌和物、路面铺筑全套技术性能检验手段,熟悉检验方法。

### C.3.7　试铺存在的问题及分析

试铺中,承包人应认真做好记录,监理单位监督检查试验段的施工质量,及时与承包人商定并解决问题。

### C.3.8　结论及建议

(1)试铺是否成功。建议施工用的配合比,提出材料供应要求。

(2)建议施工产量及作业长度,制订面层混凝土摊铺施工进度计划。

(3)正式施工中需改进的若干建议。

(4)对开工申请中施工组织设计的修改建议。

(5)确定施工组织及管理体系、质保体系等。

(6)安全保障措施、应急预案。

## 附录 D

# 沥青路面施工质量能力认证的实施和分析

## D.1　目的与范围

(1)为了确保各级试验机构资质认可的有限性,保证施工质量的可比性和一致性,大型工程必须在施工开始前进行能力认证试验。

(2)能力认证包括沥青试验(针入度,软化点,延度等)、集料及混合料试验(油石比,抽提级配,马歇尔试件密度,最大理论密度;旋转压实试件密度,最大理论密度等)。

## D.2　参考文件

(1)CNAS-RL02 能力验证规则。

(2)CNAS-GL02 能力验证结果的统计处理评价指南。

(3)CNAS-GL03 能力验证样品均匀性和稳定性评价指南。

(4)ASTM E691 进行试验室间以研究确定试验方法精密度的规程。

## D.3　意义

(1)在实际试验条件下,同时检验操作人员和仪器。

(2)与大的样本的平均值相比较,单个试验结果的离散性超过标准要采取预防或改正措施。

(3)评价试验结果的质量,从而减少由于试验误差造成产品质量的误判及纠纷。

## D.4　实施

(1)由业主或业主委托独立第三方按照 RL-02、GL-03 的规则,验证样品均匀性和稳定性,并按 GL-02 或 ASTM E691 进行试验结果的统计分析和评估。

(2)按 GL-03 规则准备样品,按沥青混合料目标配合比准备 1kg 沥青。

(3)按级配准备集料 50kg,每个试件约 5kg,试验两个试件按四分法要求,共约 40kg。另外 10kg 用于最大理论密度测试,根据集料公称最大粒径对应的最小取样标准的密度进行测试。

(4)参加单位收到样品后,检测沥青黏度,确定拌和与压实温度,改性沥青拌和与压实温度应符合现行《公路沥青路面施工技术规范》(JTG F40—2004)的相关规定。

(5)马歇尔试样按我国规定,Superpave 试样按 AASHTO T 312 规定,松散混合料在压实温度下老化 2h。

(6)Superpave 试件可立刻脱模,马歇尔试件成型 24h 后脱模。

(7)Superpave 试样按 T 166 测定压实混合料毛体积密度。

## D.5　试验结果评价

(1)按 GL-02、GL-03、RL-02 或 ASTM E691 对试验结果进行分析评估。

(2)比对试验数据分析公式。

## D.6　报告

(1)给出全部统计资料分析一览表,包括试验结果平均值,重复性标准差 $S_r$,再现性标准差 $S_R$,试验室间变异系数,以及 95%置信度时重复性和再现性极限值。

(2)计算的试验室间一致性统计量 $h$ 和试验室内一致性统计量 $K$。

(3)给出全部统计数据分析报告以及附件。分析报告将给出试验室内试验结果平均值,试验室间试验结果平均值,试验室内标准偏差,试验室间偏差,试验室间的标准偏差,试验室内重复性标准偏差,试验室间再现性标准偏差,试验室间变异系数,以及 95%置信度时重复性和再现性极限值,计算的试验室间一致性统计量和试验室内一致性统计量等资料。

(4)若一个试验室的试验室间一致性统计量 $h$ 超过 $h_{crit}$,则认为不合格,应进行整改。若接近 $h_{crit}$,则认为需要采取预防措施以确保试验方法和试验设备不存在任何问题。

(5)若一个试验室的试验室内一致性统计量 $K$ 超过了 $K_{crit}$,则认为重复性不合格,需要进行整改。若接近 $K_{crit}$,说明这个试验室内的标准差与其他试验室内标准差相差不大,此时应采取预防措施确保试验设备和试验方法不出问题。

# 附录 E

## 典型示意图

附图 E-1　碎石生产线

附图 E-2　集料水洗装置

附图 E-3　水泥稳定碎石基层摊铺

附图 E-4　水泥稳定碎石基层碾压

附图 E-5　水泥稳定碎石基层土工布覆盖养生

附图 E-6　水泥稳定碎石基层洒水养生

附图 E-7　沥青稳定碎石摊铺

附图 E-8　摊铺机梯队作业

附图 E-9　沥青混合料面层碾压

附图 E-10　轮胎压路机喷洒隔离剂

a) 温拌沥青混合料

b) 热拌沥青混合料

附图 E-11　温拌沥青混合料与热拌沥青混合料排放气体对比

附图 E-12　透层油喷洒

附图 E-13　不合格透层

附图 E-14　水泥混凝土路面滑模摊铺机作业

附图 E-15　抛丸机处理桥面

附图 E-16　精铣刨法处理的桥面

附图 E-17　洒布车喷洒防水黏结油

附图 E-18　沥青桥面铺装碾压

附图 E-19　路缘石安装